JN113736

都市空間の維持と高齢化
－拡大団塊の世代と住宅地空間の変容－

長沼佐枝 ［著］

創 成 社

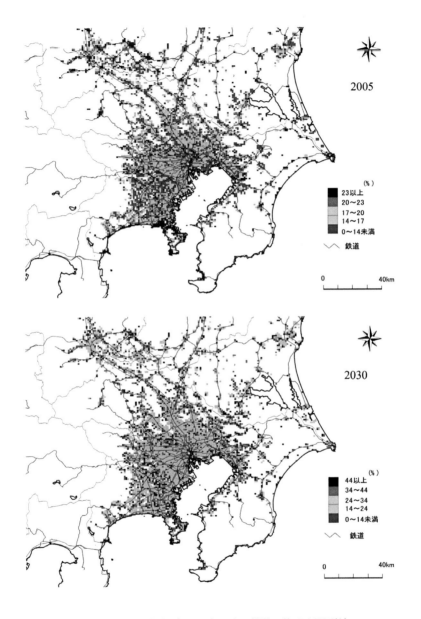

2005

	(%)
■	23以上
	20〜23
	17〜20
	14〜17
■	0〜14未満

〰 鉄道

0   40km

2030

	(%)
■	44以上
	34〜44
	24〜34
	14〜24
■	0〜14未満

〰 鉄道

0   40km

図2−1　高齢化率（2030年は人口推計に基づく予測値）

（国勢調査より作成）

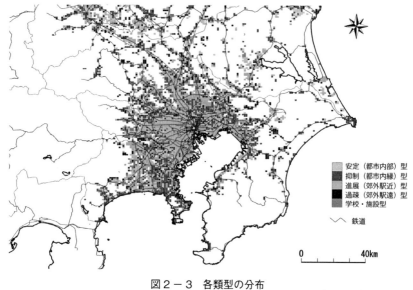

安定（都市内部）型
抑制（都市内縁）型
進展（郊外駅近）型
過疎（郊外駅遠）型
学校・施設型

〜〜 鉄道

0　　　　　40km

図2－3　各類型の分布

（国勢調査より作成）

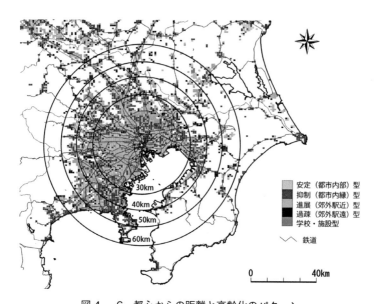

30km
40km
50km
60km

安定（都市内部）型
抑制（都市内縁）型
進展（郊外駅近）型
過疎（郊外駅遠）型
学校・施設型

〜〜 鉄道

0　　　　　40km

図4－6　都心からの距離と高齢化のパターン

（国勢調査より作成）

はしがき

拡大団塊の世代？

団塊の世代じゃないの？

しばしばそう聞き返される。まあそうであろう。団塊の世代という言葉はよく知られている。1947 ～ 49 年生まれの人を指して用いられることが多い言葉で，兄弟がたくさんいたとか，受験や就職の競争がものすごかったとか，家を買うのが大変だったとか，人口が多い世代であるがゆえの悲喜こもごもが語られる。

団塊の世代，ベビーブーマー，いろいろな呼び方があるが，とにかく人口が多い世代という認識ではないだろうか。その理解で概ね間違いはないと思う。ただし，前後の世代と比較して人口が多いのは，1947 ～ 49 年だけでなくその前後を含む約 20 年間であるというほうがより正しい。この時期に生まれ育った人たちの認識ともそう乖離しないであろう。

成人に達する子供の数が増えたのは 1925 ～ 30 年頃からだといわれている。生まれる子供の数が多く，亡くなる人の数が少ない，いわゆる多産少死期は 1930 ～ 40 年代頃まで約 20 年間続いている。1947 ～ 49 年生まれの団塊の世代は，この多産少子期のピークにあたり，同人口トレンドの代表とも言える人たちである。ゆえに，この世代にスポットライトがあたることが多いのだが，彼らが都市空間の形成や変化に与えた影響を考えるには，もう少し長いスパンで見たほうが説明しやすいように思う。これが，あまり耳慣れない拡大団塊の世代という概念を持ち込んだゆえんである。

なぜ，拡大団塊の世代が都市空間（ここでは主に住宅地）と関係するのか。そう疑問に思われた方もいるだろう。彼らは数が多い集団であるが，同じ時期に生まれた以外の共通点はない。いわば個の集合である。どのようなところで生まれ育ったのかも皆違う。進学や就業などで故郷を離れた者もいれば地元に残

った者もいる。彼らが歩んできた人生は多種多様である。しかし，彼らを拡大団塊の世代として俯瞰すると，個々の選択や行動が都市空間に与えた影響は非常に大きかったことが見えてくる。彼らがどこで生まれ，進学・就職・結婚など人生の節目において移動を繰り返しながら，最終的にどこに住んだか。とりわけ地方で生まれ育った拡大団塊の世代は，進学・就職・転職・結婚などを契機として都市に移動した者も多く，彼らが都市空間に及ぼした影響は大きかったように思える。

　地方からやってきた彼らが，マイホームを持とうとするとどうなるか。地方の実家は兄弟姉妹がいるから，自分たちで新しい住宅を購入することになる。多くがこの選択をすると，膨大な住宅需要が生まれ，土地の値段が上がる。行政はこれに対処しようと手を打ち，住宅や不動産を扱う産業は成長し，莫大な経済効果が生み出される。

　数が多い，それだけで？

　そうである。

　数が多いというのは，それだけで大きな力となる。住宅地に関していえば，現在の有様は彼らの歩んできた人生とその過程で行われた選択と関わりが深く，近い将来の様相は彼らと若者の動向を追うことでなんとなく見えてくる。

　本書は，拡大団塊の世代という切り口から都市空間を眺めるという点に重きを置いている。もちろん，さまざまな見方や考え方がある。これまでいただいた意見の中で最も多かったのが，「自分も郊外に住んでいるが，周りには新しい家が建っているので，郊外に高齢化と過疎化が進む地区が現れるという見方は間違っているのではないか」というものである。もちろんそういう地区もある。都心から遠距離にある郊外住宅地も，地元を中心とした生活圏を築いている者には魅力のある居住地であるし，面積や価格という点での競争力もある。また住宅地が持つ個々の事情が反映されるので，鉄道や幹線道路に近く生活の利便性が高いエリアでは，住民の入れ替わりは起きるだろうし，自家用車が運転できるのであれば，日常生活において困ることは少ない。本書はすべての郊外がそうなるといっているわけではない。あくまでも俯瞰してみた場合に，構造的にそうした地区が現れ

る可能性があると述べているに過ぎない。細かに見ていけば当てはまらない地区もあるし，自分の見解とは違うこともあるだろう。それでいいのではないかと思う。これ以外の見方は許されない，ということでは視野狭窄に陥ってしまうし，新しい視点は生まれてこない。「まあ，そういう見方もあるかもね，俺の意見とは違うけど」と，暖かい目で見ていただければ幸いである。

　本書に含まれる内容はすでに以下の雑誌にて発表されているが，データや表現に関しては大幅に改めた。調査にご協力いただいた地区の皆さんや行政各所の担当者の方，深い知見を与えていただいた共著者の先生方に厚く御礼申し上げたい。また，本書の刊行にあたっては，独立行政法人日本学術振興会令和5 (2023) 年度科学研究費助成事業（科学研究費補助金）（研究成果公開促進費：課題番号 23HP5087）の交付を受けた。

長沼佐枝・荒井良雄 2015.　福岡市における個人属性からみた居住地の選択要因.　経済論集 103：109-127.

長沼佐枝・荒井良雄 2012.　福岡市シーサイドももち地区のウォーターフロント開発とその変質.　地学雑誌 121：1030-1042.

長沼佐枝・荒井良雄 2010.　都心居住者の属性と居住地選択のメカニズム―地方中核都市福岡を事例に―.　地学雑誌 119：794-809.

長沼佐枝 2010.　地方中核都市福岡市における高齢化状況と郊外住宅地の持続性.　ESTRELA 197：30-35.

箸本健二・長沼佐枝 2009.　広域中心都市の人口構造に関する地理学的研究―福岡市を事例として―.　早稲田大学　教育総合研究所　早稲田教育評論 23：137-146.

荒井良雄・長沼佐枝 2009.　特集都市政策ビジョン　大都市圏における人口高齢化と住宅地の持続性.　新都市 63：28-31.

長沼佐枝・荒井良雄・江崎雄治 2008.　地方中核都市の郊外における人口高齢化と住宅地の持続可能性―福岡市の事例―.　経済地理学年報 54：310-326.

長沼佐枝・荒井良雄・江崎雄治 2006.　東京大都市圏郊外地域の人口高齢化に関する一考察.　人文地理 58：399-412.

長沼佐枝 2005.　都心地区における土地資産の利用と居住環境からみた人口高齢化―東京都千代田区を事例として―.　経済地理学年報 51：116-130.

****

　本書は，はるか昔に東京大学　総合文化研究科（人文地理学教室）に提出した博士論文とその後の研究をもとに，大幅な加筆修正を加えたものである。当時，著者が取り組んでいた「都市における高齢化と過疎化」は今ほど認知されてお

らず，「都市のなかに他よりも急速に高齢化と過疎化が進むと予測できる地区があるのではないか」などといえば，「そんなのお前の思い込みだ」といわれる時代であった。なにしろ都市の人口は増加していたのだから，やむをえない。著者自身も考えていることが整理できておらず，それをうまく説明できるだけの技量も話術も持ち合わせていなかったがゆえに仕方がなかったとはいえ，多くの方にご迷惑をおかけした。

　いわば，「なにいってんだ，こいつ」という状況のなか，「あなたの話はわかりにくいが，話している内容自体は間違っていないように思える。それを説明する努力をしてみなさい」とおっしゃってくださったのが，指導教員の荒井良雄先生（当時，東京大学教授）であった。それから数年後，博士論文の構想について話していたときに，「ああ，あなたが何を見ていたのかやっとわかった」といわれたことを鮮明に記憶している。裏を返せば，「よくわからないが，なんかいけそうな気もする。もうしばらく様子を見るか」という茫洋とした状態のまま，何年も研究室に置いていただいていたわけである。感謝しかない。

　優秀な人材が集まる教室において，日々高尚な議論を他学生と交わしておられるなか，説明能力の向上と技術の獲得という名のもと，「あなたのせいで毛が抜けた（笑）」と言わしめるほどに下手な文章の添削をさせてしまったことをこの場を借りてお詫びすると同時に，海のものとも山のものとも知れぬ者を「まあ，何とかなるかな」と，大らかに構えてご指導いただいたことに深く感謝申し上げたい。

　本書をまとめるにあたり，できる限りデータの更新は行なったが，調査当時とは様相が変わっているものも少なからず残ってしまった。その点については，不徳の致すところである。最後に，「もう少し勉強してみないか」と大学院への進学を勧めていただいた上野和彦先生（当時，東京学芸大学教授），その後長きに渡ってご指導いただくことになった荒井良雄先生（当時，東京大学教授），さまざまなご指摘やご意見をいただいた先生方や院生諸氏，幼い頃から多くの本を与えてくれた修一氏と敏子氏にあらためて御礼申し上げたい。

2023年5月

長沼佐枝

目　次

はしがき

第1章　都市空間の維持と拡大団塊の世代
　　―住宅地の高齢化をどう捉えるか― ―――――――――― 1
　1．はじめに ……………………………………………………… 1
　2．都市における高齢化や住宅地に関する既存研究 …………… 9

第2章　どこが高齢化するのか？
　　―地域メッシュによる分析からみた
　　東京大都市圏における高齢化の地域差― ―――――――― 30
　1．東京大都市圏における住宅地形成の経緯 …………………… 30
　2．2005年における高齢化の地域差 …………………………… 37
　3．将来人口推計からみた高齢化のパターン …………………… 39
　4．内と外―構造の変化 ………………………………………… 46

第3章　なぜ地価高騰後に都心の高齢化が進んだのか
　　― 2000年代初頭の千代田区における
　　土地資産の活用と高齢化― ―――――――――――――― 48
　1．はじめに ……………………………………………………… 48
　2．地価高騰と高齢化 …………………………………………… 52
　3．土地資産の活用と子世代の転出 …………………………… 53
　4．居住環境と親世代の定住 …………………………………… 60
　5．地価の高騰がもたらしたもの ……………………………… 66

第4章　なぜ郊外の高齢化は避けられないのか
　　―拡大団塊の世代と郊外の行方― ――――――――――― 70
　1．はじめに ……………………………………………………… 70

2．拡大団塊の世代と高齢化 ………………………………83

3．高齢化の地域差 …………………………………………92

4．人口の維持と住宅地の非持続性 ……………… 109

第5章　人口が増加している都市の郊外も高齢化するのか

─地方中核都市福岡市にみる都市空間の淘汰─ ──── 119

1．はじめに ………………………………………………… 119

2．地方中核都市の高齢化に関する既存研究の整理 ……… 121

3．福岡市選定の理由と調査手法 ………………………… 123

4．開発時期と高齢化の地域差 …………………………… 125

5．郊外で育った子世代はどこに住むのか

　　─子世代の居住動向と高齢化─ ……………… 133

6．住宅地の選別 …………………………………………… 145

第6章　都心・郊外・駅近　どこに住むか

─都心居住者の住民像と居住地選択のメカニズム─ ── 150

1．はじめに ………………………………………………… 150

2．研究方法と対象地域 …………………………………… 155

3．誰が都心に住んでいるのか

　　─住宅所有形態の違いからみた住民像─ ……… 160

4．なぜ都心が選ばれるのか

　　─居住地選択のメカニズム─ …………………… 165

5．都心居住者の住民像と居住地選択のメカニズム ……… 173

第7章　都市空間はいかにして形成されたのか

─福岡市におけるウォーターフロント開発とその変質─ ── 179

1．はじめに ………………………………………………… 179

2．研究方法と地区の概要 ………………………………… 182

3．どのような人が住んでいるのか

　　─アンケート調査からみた住民像─ …………… 185

4．開発コンセプトの変遷 ………………………………… 188

5．こうして都市空間は形成された ……………………… 196

おわりに　201

── 第 1 章 ──

都市空間の維持と拡大団塊の世代

―住宅地の高齢化をどう捉えるか―

1．はじめに

　本章では主として，次章以降で取り扱う住宅地の形成や変容に高齢化や拡大団塊の世代という視点を持ち込む理由と，高齢化の地域差と住宅地の持続に関する既存研究について触れる。なお，住宅地の歴史的な形成経緯や政策との関連等については数多の出版物や論考があるので，ここでは関連するものに限って扱うことにしたい。

・地味な都市空間

　都市空間の維持とは何か。この問いに対する考え方はさまざまであろうが，ここでは都市を形成する個々の空間が維持・管理されている状態をそう呼びたい。もっとも本書が主として扱うのは住宅地であるので，都市において住宅地という空間を維持するだけの人口が保てず，過疎化した状態に近づくことを都市空間が維持できない状態として話を進めていく。

　そもそも住宅地とは何であろう。ある定義によれば，「人々がそこで日常的な家庭生活を行う住宅やこれに類する居住施設が，他の施設に比較して多く存在し，その地区の性格を定めるような一定の空間的広がりを持つ地域（土肥，1985）」とある。居住者からみると，生活を送る場である建物が多く集まっている所ということになろう。では，都市という視点ではどうだろうか。都市において住宅地は最大の面積を占める空間である。もし，住宅地が広範囲に渡っ

て，あるいはモザイク状に維持できなくなるとすれば，少し厄介な事態になり
そうだということには一定の同意を得られるのではないだろうか。

　とはいえ都市における住宅地の位置づけは概ね地味である。百貨店や映画館
等が集まる繁華街や官公庁やオフィス等が林立する業務地区と比べると，華や
かさに欠ける。しかし，都市の機能は多くの人の活動によって支えられている。
住宅地はこうした人々に，生活の場を提供している。何らかの事情で，ある地
区の住宅地としての持続が難しくなったとしても，商業地などの用途に転用で
きれば，都市を構成する空間としての問題はないのだろう。しかし，住宅地か
ら他の用途への転用はなかなかにハードルが高い。多くの住宅地は，そこに居
住する人がいなければ維持が難しい一面がある。都市を構成するひとつの要素
で，面積的にそれなりの割合を占める住宅地が多数維持管理されない状態にな
れば，屋台骨が揺らぐがごとくして都市全域にも影響を及ぼす可能性がある。
そうした意味において，住宅地という空間は地味ではあるが，一定の役割を果
たしている空間といってもよいのではないだろうか。

・拡大団塊の世代と住宅不足

　なぜ拡大団塊の世代に着目するのか。一般的には，1947 〜 49 年生まれのベ
ビーブーム世代を指して用いられる団塊の世代のほうが馴染み深い。本書で
は，これより少し広い 1930 〜 40 年代生まれを拡大団塊の世代として扱ってい
る。彼らは伊藤（1994）や岡崎（1987）がいうところの多産少子世代にあたり，
都市空間の形成と変容に大きな影響を与えている可能性がある。

　拡大団塊の世代という見方を持ち込む理由は，主として次の 2 点にある。1
点目はボリュームの大きさにある。彼らが都市空間にもたらす影響は他の年代
を圧倒している。とりわけ地方から都市に移動した彼らの多くは，地方での就
業が困難であった農家の 2 男・3 男，2 女・3 女など，伊藤（1994）がいう所の
潜在的他出者であった可能性が高い。彼らは地方では余剰な人口であったが，
人手を必要としていた都市からみると歓迎すべき労働力でもあった。地域的な
需要と供給のバランスがマッチし，彼らが地方から都市へと移動したのは時代
の流れによるところが大きい。では現在の都市に住んでいるのは誰かと考える

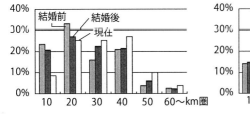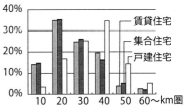

図1－1　距離帯別居住地分布と住居形態の変化
（出所：川口（2002）より引用）

　と，進学や就職を機に都市へと転入した彼らがそのまま定着し，都市において一定の割合を占めている可能性が高い。というのも，彼らは当時の住宅事情からみて，インナーエリアから郊外へ移動し，そのまま都市に定着した者がある程度いると考えられるからである。

　地方から転入した彼らを受け入れた当時の都市では，さまざまな問題が起きていた。岡崎（1987）によれば，彼らの進学や就職の時期にあたる，1955年以降に起こった農村から都市への移動はあまりに急激であり，都市では住宅・生活基盤・交通輸送施設等の整備が遅れ，いわゆる過密問題が深刻化していた。とりわけ住宅不足は深刻であった。まず賃貸住宅の需要が主としてインナーエリアにおいて上がった。牽引したのは，地方から都市へと移動した若かりし拡大団塊の世代である。上京した彼らの多くが入居したのが，木賃アパートと呼ばれる集合住宅であった。しかし，アパートの大半は質より量が優先された造りで，庭先や通路として使われていたような隙間に密集して建てられたものも多かった。居室は，日当たりや風通しが悪く，6畳と4.5畳に家族5・6人が寝起きすることも当たり前という狭小なのべ床面積のものも少なくなかった。

　このような住環境から脱出を図る現実的な手段のひとつが，住宅の取得であった。インナーエリアの賃貸アパートに住む彼らは，住宅購入に必要な経済的な準備が整うと，環境の良い住宅の確保へと動いた。東京大都市圏において，居住地の変遷を距離帯別に検討した川口（2002）によれば，地方から転入してしばらくは都心地区から10～20km圏の賃貸住宅に住んでいるが，結婚後は

都心から 30 km 以遠にある戸建の持家住宅，いわゆる庭付き一戸建に住む者が増加していることがわかる（図 1 - 1）。

　このことは，インナーエリアの賃貸住宅に住んでいた彼らが，住宅の取得により郊外へと移動したことを示唆する。彼らは同じ年齢層であるがゆえに，住宅の購入や郊外へと移動する時期も似通っていた可能性が高く，その多くが同時期にマイホームを購入して郊外へと移動する行動を取ったことが，インナーエリアに人口が希薄な地区が顕在化する，いわゆるドーナツ化現象の一因となるなど，都市空間にも大きな影響を与えた。

　また，政府の持家政策もこうした動きの後押しとなった。深刻な住宅難を背景に，1950 年には住宅金融公庫，1951 年には日本住宅機構，1955 年には，後の住宅地造成に大きな影響を与える日本住宅公団（後の独立行政法人都市再生機構）などが設立された。当時は賃貸住宅の家賃とほぼ同額で住宅ローンを組むことが可能であり，頭金さえ用意できれば住宅の取得は比較的容易であった。こうした状況において，人々がマイホームを獲得するために郊外へと移動したことは，経済的にも合理的な判断だったといえる。もちろんインナーエリアに残った人もいるが，多くの人が郊外へと移動したことは確かであろう。

　当時の都市において，新たな住宅を大量に供給できる空間的な余地があったのは，郊外のみであった。住宅団地が次々に造成され，郊外は外側方向へと拡大し続けた。郊外の空間的な拡大は，彼らが一通り住宅を取得し終えるまで続いた。ある意味において，彼らの人口規模の大きさが住宅需要を高いままに推移させ，そのことが都市の縁を外側へ外側へと押し広げる営力になったとみることもできる。それほどまでに彼らの持つボリュームは巨大であり，都市空間の形成と変容に多大な影響力を今もなお与え続けている。都市の裾野に広がる郊外の形成はもとより，都心における地価の高騰やウォーターフロント開発に代表される新たな都市空間の創造など，彼らは都市空間の形成や変容にさまざまな形で関わっている。この影響力の大きさが，拡大団塊の世代に着目する 1 つ目の理由である。

　2 点目は，誰が地方から移動して都市に定着したのか，という点にある。Uターンによって発生する帰還率でみると，郊外に定着した出生年代（コーホー

ト）は，団塊の世代よりも早くに都市に転入した人々である可能性が高いことがわかっている。東京大都市圏への人口集中過程を 1930 年代前半〜 1980 年代後半まで，12 のコーホートにわけて分析した大江 (1995) によると，各コーホートとも 20 〜 24 歳で都市圏に集中するところまでは同じだが，その後のUターンによる帰還率には差があり，帰還率が最も低いのは 1930 年代コーホートで，次いで 1940 年代前半コーホート，1940 年代後半コーホートと，出生年が早いコーホートほど定着率が高いことが指摘されている。また，コーホート別に純移動比を累積することで長期的な移動の動向を探った井上 (2002) も，Uターン移動のパターンが定着するのは 1940 年代以降生まれのコーホートで，1930年代生まれコーホートの帰還率は低く，都市圏への定着率が高いことを明らかにしている。この見解は，長野県出身者を事例にしたUターンの実態調査を行った，江崎ほか (1999) の報告とも一致する。

　つまり 1930 〜 40 年代生まれに限っていえば，生まれた年齢が早いほど，Uターンによる帰還が少なく都市に定住した割合が高いとみられる。したがって，地方出身者で都市に定着し，郊外住宅地の形成等に関わった人々を考えるにあたっては，団塊の世代よりも早くに生まれた人々を含む，拡大団塊の世代をターゲットにしたほうがよいのではないかと考えられるのである。

　また地方から転入した彼らの多くは，自ら住宅を取得しなければならない潜在的な住宅需要者であった。地方から移動した彼らのボリュームは大きく，東京大都市圏の 1950 年の人口を 100 とすると，彼らが流入していた 1995 年の値は 1950 年のそれを 2 倍以上とするほどであった (江崎, 2002)。彼らは都市へと移動し定着しようとした時点で，いつかは住宅を取得しなくてはならない住宅需要者としての顔を持ち合わせていた。この集団が住宅を取得し終えるまで，彼らは住宅市場における主要なターゲット購買層であり続けた。どこへ移動してどこに住むのか，という極めて個人的な人生の選択が，郊外の拡大のような都市における住宅地の形成と変容に，大きな影響を及ぼした可能性がある。これが彼らに着目する 2 つ目の理由である。

・住宅の余剰と住宅地の選別

　もし住宅の需要に供給が追いついていないのであれば，住宅需要者の「どこに住むのか」という問いに対する選択肢は限られる。しかし，住宅が十分にある状況で需要が減少したら何が起こるだろうか。

　人口が増加し慢性的な住宅不足が続いているのであれば，住宅需要は高いままに維持されるであろうが，人口が減少し続ければ，いずれ需要が低下し住宅が余ることは想像に難くない。実際，人口減少にともなう住宅需要の低下は，早くから暗示されており，1990年代にはすでに2010年頃には需要が低下すると予測されている（三宅，1996）。

　都市はいつまでも拡大し続ける，そうあるべきであるという前提には，そろそろ一呼吸置くべきかもしれない。現実に沿わない規模で人口増加を目指す施策ではなく，将来的な人口動態を見据えて，適正な都市の規模や機能を検討する方向性もあってよいのではないかと思える。もちろん人口が増加する都市もある。しかし，こうした都市であっても，地区ごとにみていくと人口が増加している地区とそうでない地区への分化が進んでいる。さらに，将来的な高齢化と人口動態の状況からみて，大量の住宅ストックを抱えると予測される都市では住宅の余剰が生まれ，住宅需要者は住む場所をある程度は選択できるようになる。慢性的な住宅不足に裏打ちされた，どこでもいいから住む時代から，ある程度は居住地を選択できる時代に移りつつある，そうした前提に立って考える頃合かもしれない。

　こうした変化は住宅需要者側からみれば，ニーズにあう居住地を選べるメリットがあるが，住宅地の側からすると選択されない地区が現れることを意味している。供給が需要を上回れば住宅ストックは余剰になる。選択されなかった地区は，現状と同じ規模で新たな居住者を得ることはできず，住宅地としての持続が困難になる。では，選択されなかった住宅地すなわち都市空間の維持や再生産から取り残される地区とはどのようなものか。その答えのひとつを，日本のニュータウン開発にも影響を与えたハワードの著書『明日の田園都市』（1968）から読み解くことができる。氏は取り残された住宅地について次のように述べている。

　　──人々は，条件の良くない住宅地から移動によって抜け出すことができ
　　る。より条件の好い住宅地へと移転できる。だが，取り残された住宅地は，
　　人々の転出と新たな転入が見込めないことで人口が減少する。──

　ここでは職住が近接し住民が自治権を持つような住宅地が対象とされている
が，職住が分離したベッドタウンのような地区であっても，選ばれなかった住
宅地において人口減少が起こることは容易に想定できる。
　郊外には職場機能と切り離され，買い物や通勤通学などの日々の生活に自家
用車が不可欠な地区も少なくない。加齢によって自家用車の運転が困難にな
り，公共交通も日常の足として十分に機能しないような地区では，新たな住民
を十分に確保することは難しいだろう。郊外が拡大していた頃と同等の人口が
他所から転入してくれればよいが，これには構造的な限界があり，住宅需要が
下がると予測できる状況では，選ばれない住宅地が生じる可能性が否めない。
住宅の余剰が進めば，住宅地の選別が起きる可能性が否定できない。

・住宅地の維持と高齢化
　ある地区における人口動態は，年齢別人口構成（いわゆる人口ピラミッド）と
住宅の需給動向から，ある程度は予測が可能である。例えば，郊外の戸建住宅
が多い住宅地の人口ピラミッドは，親世代と子世代がフタコブラクダのように
突出した形状（△△ ← このような形）になることが多い。時間が経過してもピ
ラミッドの形状が大きくは変わらず，らくだのコブが右にスライドしていくの
ならば，新たに転入した者が限られていたと解釈できるし，子世代が形作る左
側のコブが減少し，親世代のコブが同じ形と割合でスライドしているのなら
ば，子世代が転出した可能性が高いと考えられる。対して，ピラミッドに著し
い偏りや割合の変化がないままに推移しているのであれば，その地区の人口は
概ね維持されているとみなせる。
　住宅需要が高いのであれば，加齢や転出による減少分を新たな転入者によっ
て補うことができるので，地区の人口は保たれる可能性が高いが，住宅需要が
下がり，居住地が選択できる状況下においては，住宅地としてのポテンシャル，

つまり競争力の如何によって，どの程度住民を獲得できるかが決まる。競争力が低い住宅地では，現時点において若い世代が多くを占めていたとしても，親世代の加齢や子世代の離家が進めば，いずれ地区の人口は減少する可能性がある。もちろん，学生が多数を占める地区のように，年齢構成に偏りがあっても入れ替わりにより一定の人口が保たれるのであればこの限りではないが，そうした地区は限られている。このように人口と住宅需要のトレンドが大きく変化しないのであれば，ピラミッドの変化から将来的に地区の人口がどう推移するかをある程度は推測できる。

　なぜ住宅地の維持を考えるうえで，人口ピラミッドや高齢化に着目しなくてはならないのか。何らかの事情により住宅地としての機能が維持できなくとも，オフィス街のように他の土地利用へと転用できるのならば，地区自体は都市空間としては維持されるので問題にはならないのかもしれない。しかし，多くの住宅地は他の用途への転用が難しい側面がある。そのため住宅地が機能を維持できるのかは，そこに住み続けてくれる居住者をどの程度確保できるのかが，ひとつのポイントになる。

　これを考える手がかりとなるのが，人口ピラミッドの形状と高齢化率である。多くの場合において，地区の人口が減少する前段階として高齢化が起きる。減少分の人口を補える住民の転入が見込めない地区では，親世代の加齢と子世代の地区外転出により，ある時期から地区の高齢化率が上がっていくのだが，年齢構成に偏りが少ない地区では，比較的高齢化の程度が緩やかである。そうした意味においては，高齢化率は住宅地が維持できるかを図るひとつの指標になる。

　高齢者向けの住宅があるケースや，大学や専門学校など常に若者が供給されるようなケースを除けば，都市における高齢化のメカニズムは基本的に親世代の定住と子世代の移動によって説明が可能である。しかし，子世代の地区外転出は進学・就職・婚姻・転職等が契機となることが多いため，これまで地区から若い世代が欠けていくのは，個々の理由に帰結される傾向があった。もちろん，個々の理由や多世代同居を前提としない居住に対する考え方の変化はある。しかし，子世代や親世代が転出しても，これを補うだけの住民が転入すれば，地区の人口は維持される。もし，新たな転入者が見込めない背景に何がし

かの理由，つまりその地区に構造的に埋め込まれた条件が人口動態に影響を及ぼしている可能性があるとしたらどうか。地区の人口を現在と同規模で維持できるだけの住民の転入が難しい住宅地がまとまって出現するのであれば，そこには個人的な事情を越えた構造的な仕組みがあるのかもしれない。

　住宅地の競争力が低ければ，地区の高齢化率が上がり人口が減少する。この現象は，高齢化が進む地区は住宅地としての持続性に問題があり，住宅地の人口維持が困難になる初期段階において高齢化率が上昇する，と読み替えられる。したがって，高齢化とその先にある過疎化を，住宅地という都市空間が維持できるかどうかを探る指標として用いることができれば，表層からは見えにくい構造を浮き彫りにできるのではないか，つまり高齢化が進む地区や抑制される地区は，そうでない地区と何が違うのかを詳細に追うことができれば，住宅地という空間が今後どのように変化していくのかを考える手がかりとなる。

　本書ではなぜ都市の高齢化に地域差があるのかに始まり，選択されなかった住宅地と選択された住宅地に分かれた背景や新たに造られた都市空間としての住宅地の形成プロセスなどを扱っている。取り上げた地域は，東京大都市圏と地方中核都市の福岡市域の都心から郊外地域と広範囲に及んでいる。こうして書き連ねると一貫性がないようにみえるが，実のところをいえば，いずれの都市空間においても拡大団塊の世代の動向が大きく影響している。今日我々が目にしている都市には，彼らの歩んできた道が色濃く反映されている。これから取り上げる一つ一つの事例を繋ぎ合わせていくと，彼らの存在がいかに大きなものであったのかが見えてくる。次章以降，拡大団塊の世代というフィルターを通して，都市における高齢化や人口の減少について少しばかり思索を巡らせてみたいと思う。

2．都市における高齢化や住宅地に関する既存研究

　これまで都市における高齢化の地域差や住宅地の維持が，どのように扱われてきたのかを整理しておきたい。

（1）高齢者の居住環境をめぐる研究

　都市において他よりも高齢化率が高い地区の存在，つまり高齢化の地域差が広く認識されるようになるまでは，高齢者が集住する地区という視点での研究が多かった。これらは①都市問題のひとつとして高齢者の居住問題を考えるもの，②住宅地の評価や住宅デザインなど都市計画の点から彼らの居住環境を考えるもの，③そこから住宅政策の評価を行うものに大別される。

　高齢者の居住を都市問題の切り口とする研究は，主にインナーシティを対象に行われている。多くはジェントリフィケーションやリノベーション等による都心再開発が活発化する前後のスラムが対象であり，劣悪な住環境に住む高齢者を社会的弱者として，彼らの生活空間や行動範囲を描き出すことによって問題を浮き彫りにしようとする。なかでも高齢者が多く住むSROに注目した研究には，一定の蓄積がある。SROとはsingle-room-occupancyの略で，米国ではインナーシティにある老朽化したテナントやホテルを指して用いる。一般的なSROは居住面積が狭く，キッチンやバスは共有で，入居者は貧困な高齢者や低所得者，アルコール中毒症患者・麻薬中毒患者・精神的ハンディキャップを持つ者など社会的な弱者と位置づけられる人々である（Rollinson, 1990）。こうした居住環境にある高齢者の生活空間や行動範囲を詳細に記述することで，彼らの生きる世界を描き出し，貧困状態にある高齢者の居住問題を社会的弱者の側から見た都市問題として提起している。当時，SROはウォーターフロント開発やリノベーション等による都心再開発の波に晒され，解体や改修が進んでいた（Kasinitz, 1984）。こうした変化が高齢者に及ぼす影響を記述したStutz（1976）は，周囲の環境変化が彼らの行動範囲や生活空間を縮小させたことを明らかにしている。また，シカゴのSROに住む高齢者の生活を調査したRollinson（1991）も，彼らの生活空間はもともと狭く，貧困と住宅の制約から周囲から孤立した生活を送っているが，犯罪多発地区であるSRO周辺では，外の世界に対する恐怖が助長され，彼らの物理的・精神的孤立を高じさせている様を描いている。日本においても，高齢者の生活空間に着目し，詳細なライフヒストリーを描くことで，彼らの居住空間に対する意思や評価を考察した西（1998）の研究などがある。

　健康状態・収入・住宅・外出行動など，高齢者の特徴が明らかになるにともない，都市計画に彼らの視点を取り入れることの重要性が説かれるようになる（Greenberg, 1982）。Lawton（1970）は，都市計画における高齢者の位置づけが，身体的能力の衰えを補う方向から個別的なニーズを考慮する段階に入ったとしている。また，高齢者が居住に求める条件やデザインの測定を試みた Burby and Rohe（1990）は，彼らの住みやすさに対する評価は住宅そのものに対する満足度だけでなく，近隣の安全性や交流頻度の有無にも左右されるので，建物としての住宅ではなく，住宅地として総合的にデザインする必要を説いている。同様に Bytheway（1982）も，彼らが望ましいとする居住環境は，ケアハウスのようなサポートを受けられる施設であっても，個人の住宅としてデザインされていることや地域社会から隔絶されず，社会的な役割や活躍の場があることが重要であると述べる。

　しかし，経済的・身体的理由が，彼らが慣れ親しんだ地域に住み続けることを阻むこともある。経済的な理由を解決する仕組みとしては，Reverse Mortgage を扱った議論がある。Reverse Mortgage とは，先に住宅を売却して金融資産に換える代わりに，住宅を担保として金融機関等から価値に見合った借り入れを行うことで，住宅資産を流動化するしくみである（岩田・八田, 1997）。この制度は，日本においても，高齢者が住みなれた地域で住み続けながらも，安定した収入が得られる手段として注目されていたが，長生き・金利上昇・不動産価値下落といった不確実性がリスクとなり，導入はあまり進んでいない。しかし Kutty（1998）によれば，Reverse Mortgage を用いれば米国の貧困な持ち家高齢者の 3％ が貧困から抜け出せると推定しているように，住み続けと安定収入確保の手段としての可能性を見出せる。

　こうした高齢者の集住に関する研究は都市に偏る傾向があり，地方における応用性の有無や，直接的な政策立案に結びつく実証的な研究が少ないといった指摘もなされたが（Harper and Laws, 1995），高齢者だけでなくハンディキャップを持つものや交通弱者など，多様な人々が住みやすい居住環境を考慮したまちづくりに資する基礎的な研究への流れを形作ったとみることもできる。

（2）高齢化の地域差に関する研究

1）欧米における研究

　高齢化に関する研究が早くから進んでいた欧米では，1970 年代には人口移動により高齢化の程度に地域差が生じることが報告されている。1970 年代まではフロリダへの集中が顕著であった高齢者だが，1970 年代以降は他州においても地域的な集中が起きていること（Rogers and Woodward, 1992）や，非高齢者層は都市へと移動するのに対して，退職者や退職前の就業者は郊外や都市周辺の郡やサンベルトなどのアメニティ地区へと移動するなど（Morrill, 1994），年代や年齢による移動パターンの違いも報告されている。こうした高齢者に移動を促す要因の分析から，彼らの移動パターンは大きくみて，北から南や西への移動，若年層の動きの逆流となる都市から地方への移動，都心から郊外への移動があることや，フロリダやカリフォルニアへ集中していた移動が時間の経過と共に他州へと分散していることがわかってきた（Wiseman and Roseman, 1979; Everitt and Gfellner, 1996; Lin,1990; Frey and Liaw and Lin, 2000 など）。

　高齢者の移動にパターンが見いだされるようになると，彼らの移動モデルが模索され始める。このうち地域差に関わるものとしては，ライフコース概念に基づいて個人の移動から説明を行うものと，社会の状況変化や社会の成熟度から高齢者の移動を段階的に説明するものがある。

　前者には，必要なサポートの程度に応じた 3 段階の移動パターンがあるとされる（Litwak and Longino, 1987）。①退職前後の移動，②中程度の身体的不都合を感じた際の移動，③慢性的に身体的な不都合が生じた際の移動である。①の移動は，十分な収入があり健康状態に問題がない高齢者が，サンベルトや非都市部にある小さな街のリタイアメントコミュニティなどに移動するもので，高齢者の健康状態が良好で親族の近くに住む必要がないため，距離の制約を受け難いという特徴がある。しかし，買物・料理・掃除・洗濯などのルーティンに身体的な不都合を感じた際に起きる②の移動は，日常的なサポートを目的として子どもや親族の近隣へと移動する際に起こる。③の移動は，自身の病気や身体的な不都合が慢性的なものとなりケアの割合が増加すると起きるもので，ナーサーリングホームなどの施設を目的地とする移動である。高齢者の経済状

況・健康状態・世帯構成の違いを計量的に分析したWalters（2000）も，アメニティ移動，親族に身体的・精神的なアシスタントを求める移動，配偶者の死亡や手助けなしでは生活できないほどに深刻な身体的な不都合を抱えたことによる移動があるとしている。これは，Litwak and Longino（1987）の指摘と一致しているので，ライフコース概念による移動パターンは，この3段階があると見てよいだろう。

　こうした高齢者の移動は，コミュニケーション手段，社会保障制度，国内外の経済状況，社会構造や成熟度などから影響を受ける。移動転換モデルによれば高齢者の移動は時間的に変化し，①移動が不活発で高齢者が動かない第1段階，②サンベルトなど特定の地域に移動する第2段階，③特定の地域に集中していた移動先が他地域に分散する第3段階があるとされる（Rogers, 1989）。同モデルを人口転換が終了したとみられる諸国での移動と照らし合わせたRogers（1992）は，英国は第3段階にあり，米国は第2段階の終わりから第2段階の始め，さらにイタリアは第2段階にあるとみている。しかしながら，欧米で進んだこれらの研究は，社会的背景として高齢者は移動するとの前提が成立している。日本においてもリタイアメント移住などが認知されるようになってきたが，統計的に見れば日本の高齢者は移動しない傾向が強く，欧米における分布や移動のパターンを住宅や居住に対する考えが異なる日本にそのまま当てはめることは難しい側面がある。

2）日本における研究

　日本においても都市における高齢化が画一的に進むのではなく，程度や分布に地域的な差異があることは指摘されていた（小笠原，1991）。1980年代には，地方と比較して高齢化が進んでいなかった都市においても，いずれ高齢化率が上がることが予測され，都市における高齢化研究の重要性が説かれ始める（高山，1983）。なかでも斎野（1989；1990）は，都市における高齢化は都心とその周辺を含むインナーエリアですでに始まっており，この流れは当時人口増加が著しく若い住民が多かった郊外にも及ぶことを予見している。

　都市における高齢化は，基本的には住民の加齢と選択的な人口移動によって

説明できる。そのため，高齢化の地域差もこれによって説明されることが多かった。例えば，ある地区における高齢化は非高齢人口の地区外転出により進むとする視点から，東北地方の都市を対象に研究を行った香川（1987）は，都心からの距離帯別の人口移動を年齢階層に即して分析し，高齢化と人口減少に関するモデルを提示している。同氏は，東北地方の分析から得られたモデルに一致しなかった仙台市は，地方中核都市に特有のモデルで説明できるとの仮説をたて，地方中核都市として位置づけた金沢市を対象に検証を行っている（香川，1990）。その後，京都市においても同様の分析を行い，高齢化に地域差が生じる要因を探っている（香川，1991）。これら一連の成果から，インナーエリアの高齢化は，親世代の定住傾向の高さと子世代の地区外転出によって促進され，郊外の高齢化は子世代の地区外転出とともに，新たに高齢者に組み込まれる親世代の絶対数の大きさによる影響が少なくないという示唆が得られる。

　以上から日本における高齢化の地域差は，親世代の移動よりも子世代の地区外転出によるところが大きく，高齢化の地域差を読み解いていくには，親世代ではなく子世代の移動動向に着目するほうが，より現実的であろうとの推論が成り立つ。こうした先進的な研究から人口移動が高齢化に影響することは示されたが，この段階では子世代に地区外転出を促すメカニズムや新たな住民の獲得が難しい要因などについては，さほど注目されていなかった。

（3）都市の住宅地に関する研究

　次に，将来的に拡大団塊の世代を受け入れることになる都市の住宅地について，人口増加に関連した住宅地の変化を概観しておきたい。

1）住宅地をめぐる論点の変化
a．明治〜戦後

　大正から昭和初期にかけて都市の人口は急増し，住宅の不足が問題となっていた。わが国で初めて近代的な意味での住宅問題が登場した時期であったとされる（西山，1990）。ただし，ここでいう問題の多くは家賃の値上げや居住者の追い出しなど借家を巡るトラブルが中心であった。こうした状況を受けて，建

物保護法 (1909) や借地借家法 (1922) 等の法律が新たに制定され，居住者の側にも　定の保護が図られるようになった。

b. 1970 年代

　1960 〜 70 年代前半になると，拡大団塊の世代が進学や就職を機に，都市へと流入し始める。彼らは都市における住宅地の形成にも多大な影響を与えた。東京大都市圏でいえば，大量の人口が流入したことで，未曾有の住宅不足が引き起こされた。こうした住宅需要を引き受けたのが，いわゆる木賃アパートと呼ばれる賃貸アパートであった。木賃アパートや鉄賃アパートの急増は，既成住宅地の住環境を劣悪なものへと変えていった。

　後に木賃ベルトと称される地区では，戸建住宅からアパートへの建て替えが進んだ。敷地は分割され，建て詰まった状態の住宅地が大量に形成された (三宅, 1972)。この時期のインナーエリアにおいては戸建から戸建への建替えは少なく，戸建から集合へ，木賃アパートから鉄賃アパートへの建替えが主流であった (三宅, 1978)。つまり，住宅の形態や建物の構造は変化したが，問題となっていた敷地の細分化や狭小アパートの増加に歯止めは掛からず，住宅地の質は改善されなかった (川名ほか, 1971)。こうした居住環境の悪化は，50 年にわたる敷地の細分化と権利移動を調べた高見沢 (1977) の研究において次のように述べられている。「165 ㎡を超える敷地は分割される可能性が高く，分割後の敷地は狭く建て詰まりを促進している。分割後の敷地は借家・アパート・駐車場などに利用されるが，いずれも土地利用についての地主の自由度が高く，都市計画上きわめて不安定な存在であり，いっそうの居住環境の悪化に繋がる可能性がある。」こうした氏の疑念は後の木造密集市街地の問題へと引き継がれていくことになる。

　その後，拡大団塊の世代の持家需要により，主たる住宅の供給地が郊外へと移っていった。しかし，郊外にあってもインナーエリアに近い地区や，高台の南向き斜面のような住宅適地とされる地区はすでに開発されていたため，湿地や低地あるいは著しく高低差のある地区など，住宅地としては不利な条件の地区が新たな住宅地の造成対象とされた。また，インナーエリアにおいても，狭

小で過密なままの賃貸住宅が，質の改善が図られないままに更新され続けるなど，無計画に開発された住宅地の問題も続いていた（岡部，1979）。

　1970年代は大規模な住宅地の開発が続いた時期でもある。当時は将来的にも住宅需要は伸び続けるだろうという認識が主流であり，いかにして新たな住宅地を造成するかに関心が払われていた。ゆえにこの時期の住宅地に関する研究も，大規模住宅開発の適地性を取りざたするものが少なくなかった（井関，1968）。

　住宅地の構想・計画・実行過程の研究が進むと，大規模開発ならではの問題も浮かび上がってきた。基礎的なインフラの不整備などもそのひとつである。インフラの不整備は，新たに造成された大規模住宅地における深刻な問題のひとつとなっていた。スプロールと地価の上昇により用地の獲得が困難になると，開発不適地やインフラの整備が遅れていたエリアにも，次々と住宅地が造成された（越智・杉山，1977）。そこでは，上下水道や道路の整備が遅れ，学校などの施設の不足が起きた。

　インフラの整備がスムーズに進まなかった背景のひとつに，国と地元自治体との関係性があったとされる。大規模な住宅地開発は，国のニュータウン政策の影響が強く，開発主体の国と計画の受け入れ側である地元自治体の間には，計画や財政の面で温度差が生じていた。地元自治体側からすると，計画の押し付け感があり計画に対する反発も強かった（福島，1975）。また，業者間の利害が錯綜し必要な調整が行われなかったことも，新たな住宅地と既成住宅地の間で格差を生んだ。例えば，乗客がいない状況での鉄道の建設は開発のうまみが少ないため，敷設が円滑にいかないなど，開発主体・計画者・事業者の思惑の違いからくる問題もあった（荒居，1972）。くわえて，新たに造成された住宅地と既成住宅地の関係にも問題があった。新たに造成された住宅地の住民は，既成住宅地と同じ自治体に属しているにもかかわらず，学校や道路などに格差があることに不平等感があったし，既成住宅地の住民には，何の規制もなく周辺が無秩序に開発されることへの不安や不満があった（住宅地開発に関する研究会，1976）。

　住宅地の大規模化が引き起こす問題への懸念や（大庭，1972），社会階層の違いによるコミュニティ分析の必要性なども指摘されていた（高橋，1970）。しか

し，絶対的な住宅不足が続いていたこともあって，効率的な住宅地の造成や計画手法が研究の中心的なテーマであったように感じる。

c. 1980 年代

　1980 年代に入ると，拡大団塊の世代の持家需要の高まりを営力として，インナーエリアから郊外への移動が活発化する。郊外にマイホームを得てインナーエリアから転出する人たちが増加したことは，郊外の人口増加とインナーエリアの人口減少を引き起こした。

　インナーエリアでは，土地の細分化と地価の上昇が進んでいた。居住環境の悪化に対する懸念から，都市計画の分野を中心に都心における居住空間の配分に平衡を求めようとする動きが起きる。敷地の細分化が空間単位を個別化したことで，より高次の単位である街区の環境も悪化したとみる重村（1983）は，住宅地の敷地分割に対して一定の規制を掛ける必要性を説いている。また，バランスのとれた用途地域の配置のために，住宅系用途地域の配し方に合理的な検討を加える必要性なども議論されている（浅見，1989）。

　とりわけ都心地区は常住人口の減少が著しかったこともあり，都心居住に関する研究が多く行われた。そこでは，都心居住の意義，定住人口の増加，政策などがキーワードとなった。都心居住の意義を問うた研究では，都市経営の面からみて適度な密集居住は公共サービスや社会資本の低コスト化を図るのに有効であるとするものや（高寄，1989），そもそも都心に住みたい人がいて彼らの定住意思が高いのだから，都心にある住宅地に見合った容積率等の設定を地区ごとに行うべきだとする意見も出された（鳴海，1989）。

　都心周辺のインナーエリアでは，アパート経営を目的とした土地の売却や敷地の分割が進んでいた。ひとたび分割された土地が再び合筆されることはまずなく，土地の細分化は不可逆的であった（高浦，1980）。特に農地から宅地へと転化した地区は，既成の住宅地よりも細分化が急速に進んだことも報告されている（松縄・小松，1986）。この時期に生まれた新しいタイプの地主は，土地の所有と活用に関する行動が従前の地主とは異なっており，このことがさらなる土地の細分化を助長させたという（高見沢，1983）。多種多様な研究が行われた

が，土地の細分化に対して一定の歯止めが必要であるとの見解では概ね一致しており，長期的な地区計画と政策的な規制の必要性が訴えられている（高見沢，1986；森村・大方ほか，1983）。

こうした問題が露見していたインナーエリアに対して，大規模な住宅地開発が一応の区切りをみせていた郊外地域では，日本型ニュータウンに対する評価等が進んでいた（川手，1984；川上，1984；日本住宅総合センター，1985）。新しく造成された郊外住宅地を，とりあえずの入れ物ではなく成熟した住宅地として持続させるためには，どのような機能や周辺の地区との関わりを形成すべきかという点に関心が集まり，職場との関係に重きを置いていた議論から，住まうことを中心とした議論へと変わりつつあった（西山・石浦，1989）。しかし，住宅地開発の利害関係をめぐる問題も依然として続いており，利益回収を急ぐ開発主体の意向が強く反映した大規模な開発では，学校などの整備が追いつかず，住宅地としての機能が不完全な地区も残されていた（松原，1982）。

新しく造られた住宅地と既成市街地の格差も問題となっていた。そこには住宅地としての質に違いが生じていた。新しく造られた住宅地に隣接するエリアには，地元の地主によって賃貸アパートの建設が相次いでおり，道一本を挟んだ片側には狭小な賃貸アパート，もう片方には分譲の戸建住宅やマンションと景観も階層も異なるアンバランスな住宅地が形成された。とりわけ，後付けで造られた計画外の住宅地は，インフラの整備が著しく劣る場合が多かった（波多野・古里，1980）。また地域社会との関わり方にも温度差があった。同じ住宅地内であっても，近所付き合いや活動に積極的に関与する定住意識が高い住民と，定住意識は高いがそうした活動にはほとんど関与しない住民に分かれるなど，個人差も大きかった（高橋・野辺，1981）。

d. 1990 年代

地価の高騰は都心地区にある住宅地にも影響を与えた。都心では住宅とオフィスが入り混じるなど，土地利用の混在化が進んでいたが，地価の高騰はこの状況をさらに推し進め，オフィスとして利用される空間が拡大していた。

住宅地から業務地への移行と，それにともなう人口減少を是としない立場か

らはさまざまな対応策が出された。住宅地の業務地域化に対する歯止めとしての用途別容積制の導入や（日端・安永，1991），新たな住宅の供給によって人口を回復しようとする考えなどが示された（大江，1991）。具体的には，容積率を敷地規模に応じて設定すれば，事業採算性に見合った個人住宅の供給が可能だとするものや（藤村，1993），住宅用途とされている建物でも，実態としてはオフィスや事務所として利用されている現状から，積極的な住機能の誘導が必要であるとの意見などが出された（高見沢，1991）。

　1990 年代後半になると，拡大団塊の世代の持家需要がひとまず落ち着いたこともあり，住宅需要の伸びと地価の上昇に陰りが見え始める。郊外は住宅地としての成熟期を迎えようとしており，住民を対象としたライフコースや移動・居住歴の分析が行われ，彼らの生活や住宅地としての持続にも関心が向けられた。

　職住近接を基本としていたイギリスのニュータウンとは異なり，日本の郊外住宅地は職住分離のベッドタウンとしての色合いが濃いとされていた。しかし，こうした見方は夫にとっては妥当であるが，妻にはあてはまらないことが指摘され始める（谷，1999）。郊外に住む妻は，入居当初は夫と同じく都心へ通勤するが，出産・育児・転居によって離職する割合が高く，妻が出産や子育て等の非就業期を経て再就職を図ろうとしても，近隣でのパートタイム雇用など就業地や職種が限られている状況にあるなど，ジェンダーの差が明らかにされていく。居住経歴の分析においては，妻が非大都市圏の出身者である場合，結婚によりインナーエリアを経由する事なく，直接郊外へ転入するケースが多く確認された（谷，1997）。しだいに，郊外という空間が都心に遠距離通勤する夫と，専業主婦の妻という構図があって初めて成立していたことが浮き彫りになっていった。この頃から，郊外の行く末を論じたものやオールドタウン化した住宅地の管理・公共施設の維持などに触れた研究なども見られるようになる（小田，1997；西村，1990；福原，1998 など）。

e. 2000 年代

　地価の下落が始まったインナーエリアでは，いわゆる都心回帰と呼ばれる現

象が起きていた。投機対象として抱え込まれていた土地が市場に放出され，新たな住宅が供給された。しかし，こうした動きが安定的な人口増につながるのかは不明瞭であり，居住者の実態とこれを促した要因を探る研究が行われていく。規制緩和による土地利用の高度化が都心の人口回復を牽引しているとする見方もあれば（中山・大江，2003），狭小な敷地や木造住宅が卓越する地区では，同じエリア内での住み替えが主流であるとの報告もなされている（真野ほか，2003）。

　こうしたインナーエリアの動きとは対照的に，郊外地域では高齢化と人口減少の兆しが現れていた（角野，2000）。郊外を扱った研究においても，終の棲家や成熟といった用語が散見し始め，住宅地の衰退再生問題が重要なテーマのひとつになっていく。シンポジウムや特集なども組まれるようになった。一例をあげれば，2000年　特集　郊外居住に未来はあるか（都市住宅学），2001年　特集　ニュータウン再生の萌芽を求めて（地域開発），2001年　特集　郊外居住の展望（建築とまちづくり），2002年　戸建住宅地のエイジングと再生（住総研シンポジウム・すまいろん）などがあり，この問題に社会的な関心が高まっていた様子が伺える。それぞれの立場や視点から研究や調査が行われたが，商店の閉店・交通網の不備・長距離通勤・地区の個性の喪失など，住宅地としてのポテンシャルの低さが住民の高齢化を招き，住宅地としての持続を困難にしているとの認識は一致していたようである（高野，2001；小森，2002a）。

　個別の住宅地に着目すればさまざまな理由が考えられるが，俯瞰してみるとこの地域に造られた住宅地の維持が困難な理由はほぼ3つに絞り込める。1つ目は，初期計画におけるコンセプトミスにあるとされる（服部，2000；福原，2001；ソレンセン，2001）。働く場所と生活する場所は相互補完的な関係にあるのが望ましいとする考え方があるが，職住が分離したベッドタウンとしての性格が色濃い郊外住宅地は，両者の関係が無視されているものが多く，こうした都市計画上の視点の欠如がそもそもの原因だとみなされている。2つ目は，住宅地の新陳代謝を促進するシステムが組み込まれていないことにある。小森（2002b）によれば，住宅地としての良好性のみを求めて開発された郊外住宅地は，土地利用規制による縛りが厳しく，SOHOやコミュニティビジネスなど

の新たな産業の育成が阻害され，住むこと以外の機能を新たに付加することが
きわめて難しい状況にあるという。3つ目は，日本型の近代家族の容器であっ
た郊外住宅地は，家族形態や居住形態が多様化した時代の流れに乗れず，時代
の役目を終えたとする見方である。専業主婦・明るいリビングのある家・住宅
すごろく・中間層，こうした言葉に象徴される郊外住宅地はライフスタイルの
多様性を受け入れる伸縮性を持ち得ていない（西川，2000）。また，郊外を形成
し，そこでの居住文化を作り上げてきたのは「中間」の人であったとする片木
（2000）は，そのボリュームとダイナミズムを失った今「中間」の意味は消え
たとし，ファミリー世帯を中心としたコンセプトを転換し，他者性や多様性を
受け入れない限り，郊外住宅地は役割を終えるとみている。

　日本の郊外住宅地は，計画都市ではなく既成集落と関連して造られたので，
アメリカのエッジシティほどの高い自立性は持っておらず孤立化しないとの見
解もある（成田，2000）。しかし，新たに造られた住宅地に関しては，住宅地の
維持や管理に何らかの方策が必要とする見方のほうが有力であった。こうした
郊外住宅地の維持や管理の柱は，大きくみて次のような方向性がある。1つは
コミュニティの再生とNPOや民間ボランティアの活用である。NPOによる
まちづくりや高齢者向けのサービスやコミュニティの育成など，住宅地の機能
を維持することを前提に今ある人的資源を活かした住宅地の維持と管理が提案
されている（吉田，2001；中庭，2001；檜谷，2001）。もうひとつはコンセプトそ
のものの変更である。住宅以外の土地利用を受け入れ，郊外をひとつの独立し
た地区として再編することによって，地区の維持や管理を図ろうとする立場で
ある。そのためには，SOHOやコミュニティビジネスなど地域に密着したビ
ジネスの育成を図るだけでなく，企業のサテライトオフィスの誘致やそれを可
能にするネットワーク環境の整備，また大学との連携などを模索する必要性が
議論されている（佐藤，2000；細野，2001）。

2）住宅地の遷移と世代交代に関する研究

　三宅（1996）は，地区の年齢構成に居住や生活の実態が集約されることや，
年齢は住宅需要の発生と直結しておりライフステージや収入の変化が住宅の

ニーズを変化させること，さらに将来的な住宅問題を予見することは難しいが，年齢構成は正確に予測できるので起こりうる問題を予測できるとして，年齢や世帯構成の変化を観察する重要性を説いている。そこで，世帯や年齢構成に関連した，住宅地の遷移と世代交代に関する研究を時代的な流れとともに確認しておきたい。

　世代交代による住宅地の遷移は，ミニ開発等により敷地の細分化が起きていたインナーエリアにおいて問題となっていた。1980年代に深刻化していた高齢化率の上昇と不動産の相続問題を背景に，土地・建物を所有する高齢者の動向に注目が集まっていた。山の手地区における高齢者の居住実態と，そうした状況が形成されるプロセスの調査から，高齢者である親世代の住宅は子世代が同居するならば更新され維持管理がなされるが，そうでなければ土地は市場に流れ次世代には継承されないことが判明する（松本，1984）。また，墨田区東向島において住宅の更新と世帯構成の変化を調査した松本（1994）も，子世代による居住継承が見込めなければ住宅の更新が起こりにくいことを明らかにし，住宅地の質の改善が個人の意思に依存している状況を問題としている。さらに，住宅の継承が住宅地の更新にどう影響しているかを調査した松本・大江（1995）は，土地と建物の持つ初期条件によっては，住宅を更新したとしても居住水準の上昇が見込めず，このことが定住意向の高い世帯であっても住宅の更新を躊躇させていること，まして子世代と別居する高齢の親世代が積極的に住宅を更新する魅力はなく，住宅地の質の向上が妨げられている状況を明らかにしている。ここでは，安定的な住宅地の維持が高齢の親世代と子世代の同居もしくは近居によってなされることが前提とされており，住宅の更新と居住継承を困難にする説明要因として，個々の地区が持つ条件や世帯の状況を明らかにすることに力点がおかれている。

　上記の視点は，人口減少が著しかった都心の住民像を分析した研究にもみられる。例えば，建物の更新と定住化の可能性を論じた中林・大江（1984）は，定住層は自営的な職種を営む持家層であり，住宅の更新は仕事の利害関係と子世代の同居志向に影響されることを明らかにしている。一方，大江・中林（1984）は都心の新規定住層は，中高層分譲住宅に住むサラリーマンが中心で，彼らの

多くは他地区に住宅を持ちセカンドハウス的に都心の住宅を利用していることを示し，都心において住宅地を維持するには，これまでのような自営業を営み地区を支えてきたような定住層だけでなく，入れ替わりはあるにしろ年齢構成に偏りのない住民が，地区に継続的に住むことが重要であるとしている。この点に関して中林 (1981) は，住宅地を維持するには子世代が満足できる居住環境の整備と，就業機会の創出が必要であることは当然として，人口増加に効果が認められる集合住宅には，流動性が高く匿名性の高い住民ではなく，地域社会に貢献する地元性の強い定住層の入居を図るべきだとして，政策的に一定の入居規制を掛けることを提案する。

　これらの研究は，いずれも都心やその周辺地区が対象とされているため，時期的に地価高騰と下落の影響を受けていることは否めないが，地区の人口増のみによって住宅地を維持しようとする立場に一定の疑念を呈し，定住層の年齢構成が特定の年齢に偏ることは，地区人口の安定的な維持を困難にし，継続的な住宅地の持続を困難にすることを暗に示唆した点において，新しい論点を提供している。しかしながら，地区の年齢構成が特定の年齢に偏るメカニズムやそれにより生じる問題に踏み込む視点は，この段階では生まれていなかった。

　おそらく，地区に特定の年齢層に属する住民がまとまって入居することの問題を最初に論じたのは，郊外住宅地のモデルとされた千里ニュータウンの調査である。1980 年代は全国的に新たな郊外住宅地の造成が進んでいた時期であるが，千里ニュータウンに関してはすでに造成から 20 年が経過しており，高齢化の兆候が現れていた。開発主体と規模は同じだが，開発年代が異なるニュータウンにおいて，居住者の年齢構成を分析した金城 (1983) によって，短期間に同じ年齢層の住民が大量に転入すると，地区の年齢構成がほぼ固定されるため，その後は住民の加齢により高齢化が進むことが明らかにされた。また，生活文化研究所 (1986) が千里ニュータウンにおいて行った調査により，住宅の規格が画一的であるため世帯構成の変化に住居が対応できないこと，また面積的に多世代同居が困難であるため子世代と別居せざるを得ない事情が示された。とりわけ，中高層の集合住宅はこの傾向が強く，居住面積や間取りの問題が子世代の離家と転出を促している構造が描き出されている。

　これらの研究によって，住宅地の初期条件により年齢構成が固定され，時間の経過により高齢化が進むこと，その一因が世帯構成の変化に対応できない住宅の構造にあることがわかってきた。ここでは将来起こる可能性がある問題のひとつとして触れられてはいたが，高齢化と世帯構成の関係や子世代の居住動向の実証的な分析はまだ行われていなかった。この点に踏み込んだ実証研究が始まるのは 1990 年代に入ってからである。世帯構成の分析から郊外住宅地の高齢化の特徴を明らかにした黄・竹嶋・紙野 (1991) は，子世代との世帯分離によって高齢者のみ世帯の割合が高くなることを指摘している。また，郊外住宅地における事業手法や事業主体等の違いが，世帯構成に及ぼす影響について検討した三輪・安田・末包 (1996) は，時間のかかる区画整理事業ではなく，住宅団地として新規に造成され入居者が一時に集中した住宅地の方が，人口の減少と高齢化が早くに進むことを見いだしている。いずれも，地区の年齢構成が特定の年齢層に偏る郊外住宅地において，高齢化が早くに進むことを実証的に示し，郊外住宅地の高齢化に対する漠然としたイメージに具体像を与えた。

　後の章において詳述するが，都市における高齢化の分析には，地区外へ転出した子世代の動向を追う視点が不可欠になる。しかし，年齢構成と住宅地の維持に触れたこれまでの研究は，概ね現在の居住者である親世代への関心のほうが高く，子世代の動向に着目する視点はあまり重視されてこなかった。また，世帯構成の変化やライフサイクルを考慮する重要性も指摘されているものの，これらを地区人口の維持や住宅地空間の持続と関連させて，実証的にみていく視点は，いまだ黎明期にあったと考えられる。

参考文献

浅見泰司 1989．平衡市街地論─用途地域の中での住宅の適正配置にむけて─．日本都市計画学会学術論文集　24：325-330.
荒居　宏 1972．多摩ニュータウン開発の現況と問題点．不動産研究　14：31-43.
井関弘太郎 1968．大規模住宅地開発の適地選定に関する地理学的研究─名古屋都市圏を事例として─．日本住宅公団建築部調査研究課編『大規模住宅地開発の適地選定に関する地理学的研究』日本住宅公団建築部調査研究課.
伊藤達也 1994．『生活の中の人口学』古今書院.

井上　孝 2002. 人口学的視点からみたわが国の人口移動転換. 荒井良雄・川口太郎・井上孝編著『日本の人口移動―ライフコースと地域性―』53-70　古今書院.

岩田規久男・八田達夫編 1997.『シリーズ・現代経済研究14―住宅の経済学―』日本経済新聞社.

江崎雄治・荒井良雄・川口太郎 1999. 人口還流現象の実態とその要因―長野県出身男性を例に―. 地理学評論　72：645-667.

江崎雄治 2002. 戦後日本の人口移動. 荒井良雄・川口太郎・井上孝編著『日本の人口移動―ライフコースと地域性―』1-33　古今書院.

大江守之・中林一樹 1984. 東京都心地域における新規定住層の居住動向と定住意識. 日本都市計画学会学術研究論文集　19：505-510.

大江守之 1991. 住宅供給による人口回復効果に関する研究. 日本都市計画学会学術研究論文集　26：787-792.

大江守之 1995. 国内人口分布変動のコーホート分析―東京圏への人口集中プロセスと将来展望―. 人口問題研究　51：1-19.

大庭常良 1972. 宅地開発の大規模化と問題点. 不動産研究　14：25-30.

小笠原節夫 1991. 地域人口の高齢化. 地理科学　46：143-148.

岡崎陽一 1987.『現代日本人口論』古今書院.

岡部泰広 1979. 門真市における住宅地域の特性. 人文地理　31：378-387.

小田光雄 1997.『＜郊外＞の誕生と死』青弓社.

越智福生・杉山義孝 1977. ニュータウン建設の現状と課題. 都市計画　92：41-53.

香川貴志 1987. 東北地方県庁所在都市内部における人口高齢化現象の地域的展開. 人文地理　39：370-384.

香川貴志 1990. 金沢市における人口の量的変化と高齢化. 東北地理　42：89-104.

香川貴志 1991. 京都市における人口高齢化の諸相―分布と進展の地域差―. 地理科学　46：158-163.

片木　篤 2000.「中間」としての郊外. 都市住宅学 30：6-12.

角野幸博 2000.『郊外の20世紀　テーマを追い求めた住宅地』学芸出版社.

川上秀光 1984. ニュータウン開発の大都市対策としての位置づけ. 都市計画　129：19-27.

川口太郎 2002. 住宅移動の空間特性. 荒井良雄・川口太郎・井上孝編著『日本の人口移動―ライフコースと地域性―』1-33　古今書院.

川手昭二 1984. わが国におけるニュータウン開発の経緯と今後の動向. 都市計画　129：11-17.

川名吉エ衛門・石田頼房・波多野憲男・高見沢邦郎 1971. 既成住宅地の形成と変化に関する研究. 都市研究報告　11：1-34.

金城基満 1983. ニュータウン地域の年齢構成の変化とその要因―千里と泉北の事例から. 人文地理　35：171-181.

26 ——◎

黄　大田・竹嶋祥夫・紙野桂人 1991．ニュータウンにおける人口高齢化の特性に関する研究—千里ニュータウンの場合—．日本都市計画学会学術研究論文集　26：679-684.

小森星児 2002a．戸建住宅地の展望—神戸の郊外住宅団地のフィールドスタディ．すまいろん　64：60-64.

小森星児 2002b．戸建住宅地の展望—神戸の郊外住宅団地のフィールドスタディ—．住宅総合研究財団研究年報　29：3-21.

斎野岳廊 1989．名古屋市における人口高齢化の地域的パターンとその考察．東北地理　41：110-119.

斎野岳廊 1990．札幌市における人口高齢化の地域的考察．東北地理　42：105-110.

佐藤健正 2000．ニュータウンの40年とその後．都市住宅学　30：34-42.

重村　力 1983．居住環境単位としての大都市住宅街区の諸問題．都市計画　111：45-51.

住宅地開発に関する研究会 1976．『日本におけるニュータウン開発の問題点と今後の方向』宅地開発研究所.

生活文化研究所 1986．ニュータウンの人口構造の高齢化に伴う諸問題に関する調査研究—千里ニュータウンを事例に—．労働調査時報　764：5-18.

ソレンセン・アンドレ 2001．異なる道をたどる日英のニュータウン．地域開発　444：7-13.

高浦敬之 1980．住宅系市街地の土地分割動態に関する事例研究．日本都市計画学会学術研究論文集　15：229-234.

高野公男 2001．都市郊外の生命力　農と共生する都市・耕す空間のアメニティ．建築とまちづくり　292：6-12.

高橋和宏・野辺政雄 1981．大都市における社会生活上の居住性（その2）—多摩ニュータウンと共同性・社会関係・社会的地位—．総合都市研究　12：33-45.

高橋純平 1970．大都市圏化過程と「ニュータウン」—高蔵寺ニュータウン調査に基づいて．金城学院大学論集　42：133-164.

高見沢邦彦 1977．既成住宅地における宅地の細分化と権利移動—既成住宅地の更新過程に関する研究　その2—．日本建築学会論文集　254：89-96.

高見沢実 1983．既成市街地の形成・変容過程と土地所有形態変化に関する一考察．日本都市計画学会学術研究論文集　18：367-371.

高見沢実 1986．東京区部低層高密度市街地における住宅需要・建物更新動向を踏まえた居住環境整備の方向．日本都市計画学会学術研究論文集　21：67-71.

高見沢実 1991．東京都心地区における住機能の存在形態に関する基礎的考察—港区赤坂六本木地区を対象に—．日本都市計画学会学術研究論文集　26：157-162.

高山正樹 1983．大阪都市圏の高齢化に関する若干の考察．経済地理学年報 29：182-203.

高寄昇三 1989．都市経営からみた都心居住．都市計画　158：17-21.

谷　謙二 1997．大都市圏郊外住民の居住経歴に関する分析—高蔵寺ニュータウン戸建住宅居住者の事例—．地理学評論　70：263-286.

谷　謙二 1999．高蔵寺ニュータウンと住民のライフサイクルの変化（特集　ニュータウ
　ンの地図）．地図情報　19：15-17.

土肥博至 1985．住宅地計画の意味．新建築学体系編集委員会編『新建築学体系 20 住宅
　地計画』彰国社.

中庭光彦 2001．居住者セイフティネットとして NPO を機能させる条件─多摩ニュータ
　ウン「FUSION 長池」活動の歴史から．地域開発　444：22-26.

中林一樹 1981．都心周辺高密市街地の人口減少構造と人口定住化の可能性について．
　日本都市計画学会学術研究論文集　16：253-258.

中林一樹・大江守之 1984．永年居住者の居住動向と建物更新からみた東京都心地域にお
　ける都市更新と定住化．日本都市計画学会学術研究論文集　19：499-504.

中山　学・大江守之 2003．東京都心地域における人口回復過程からみた居住構造の変容
　に関する研究．都市計画論文集　38：49-54.

成田孝三 2000．郊外の変貌過程とこれからの課題．都市住宅学　30：26-33.

鳴海邦碩 1989．都心居住をめぐる論点と都市整備上の課題．都市計画　158：11-16.

西　律子 1998．単身高齢者を取り巻く居住空間と居住意識─文京区における集合住宅居
　住者の事例─．経済地理学年報　44：44-59.

西川祐子 2000．ニュー・ニュータウンの住民へ─日本型近代家族と住まいの変遷．住宅
　総合研究財団研究年報　27：3-19.

西村一朗 1990．千里ニュータウンの成熟と将来─居住者高齢化への対応を中心．都市問
　題　81：67-80.

西山卯三 1990．『すまい考今学』彰国社.

西山康雄・石浦裕治 1989．高蔵寺ニュータウンの変容─日本型ニュータウン像の検討の
　ために─．日本都市計画学会学術研究論文集　24：541-546.

日本住宅総合センター 1985．『世代交代からみた 21 世紀の郊外住宅の研究─戦前及び戦
　後の郊外住宅地の変容と将来展望─』日本住宅総合センター.

波多野憲男・古里　実 1980．民間住宅地開発による住宅地形成と居住地環境整備．総合
　都市研究　10：29-57.

服部岑生 2000．団地は，もうだめなのか，どこへ行くのか─郊外団地の過去・現在・未
　来を住まいと生活の観点から検証する─．すまいろん　56：4-7.

ハワード，E 著，張素連訳 1968．『明日の田園都市』鹿嶋出版会.

檜谷美恵子 2001．少子高齢化時代の団地コミュニティ─震災復興団地の現状と課題か
　ら．地域開発　444：27-32.

日端康雄・安永臣吾 1991．東京の都心周辺住宅地の用途混在化と用途別容積制．日本都
　市計画学会学術研究論文集　26：163-168.

福島達夫 1975．多摩ニュータウンと多摩市─首都圏における巨大住宅都市の形成過程
　(1)．経済地理学年報　21：22-36.

福原正弘 1998．ニュータウンの高齢化と対策．地理　43：32-39.

福原正弘 2001. いま，ニュータウンは？ ─現状・課題・展望. 地域開発 444：2-6.

藤村浩之 1993. 東京都心居住地域における地価構造をふまえた住宅供給方策に関する研究. 日本都市計画学会学術研究論文集 28：145-150.

細野助博 2001. 「ニュータウン再生」と大学間連携. 地域開発 444：14-21.

松縄　隆・小松ゆり枝 1986. 既成市街地における土地細分化に関する考察. 日本都市計画学会学術研究論文集 21：73-78.

松原　宏 1982. 東急多摩田園都市における住宅地形成. 地理学評論 55：165-183.

松本暢子 1984. 山の手住宅地における高齢者の宅地・住宅の所有と居住実態について　既成市街地の高齢者居住に関する研究（1）. 日本建築学会論文報告集 345：131-139.

松本暢子 1994. 東京下町の住宅密集地域における建築更新活動と家族の居住継承に関する研究─墨田区東向島地域における最近10年間の建築更新と高齢者を含む家族の居住状況変化─. 日本建築学会論文報告集 29：445-450.

松本暢子・大江守之 1995. 都心居住高齢者とその家族の居住継承に関する研究─墨田区東向島地域におけるケーススタディ─. 日本都市計画学会学術論文集 30：73-78.

真野洋介・武田友佑・小林愛佳・佐藤　滋 2003. 墨田区一寺言問地区における市街地更新，住宅供給実態と地域内の住み替えの関係性─木造密集市街地における住環境整備と居住支援プログラムの連携に向けての基礎的研究─. 都市計画論文集 38：37-42.

三宅　醇 1972. 東京の木賃アパートと住宅地密度. 都市計画 73：21-31.

三宅　醇 1978. 民間アパートによる住宅地更新状況. 建設月報 31：89-93.

三宅　醇 1996. 人口・家族の変化と住宅需給. 岸本幸臣・鈴木　晃編『講座現代居住2 家族と住居』東京大学出版会.

三輪康一・安田丑作・末包伸吾 1996. 郊外住宅団地における人口・世帯変動の特性と住宅地更新に関する研究─神戸市の郊外住宅団地における高齢化の進展と戸建住宅地の更新の分析を通じて─. 日本都市計画学会学術研究論文集 31：463-468.

森村道美・大方潤一郎他 1983. 東京都区部既成市街地の地域構造変化と居住環境整備の方向. 都市計画 125：29-39.

吉田清明 2001. 郊外地域の新たな展望　東京郊外に寄せて. 建築とまちづくり 292：13-16.

Burby, J. R. and Rohe, M. W. 1990. Providing for the housing needs of the elderly, *APA Journal Summer*: 324-340.

Bytheway, R. W. 1982. Living under an umbrella: problems of identity in sheltered housing. In *Geographical perspectives on the elderly*, ed. A. Warnes, 223-237. John Wiley & Sons Ltd.

Everitt, J. and Gfellner, B. 1996. Elderly mobility in a rural area: the example of southwest manitoba. *The Canadian Geographer*, 40: 338-351.

Frey, W. and Liaw, K. and Lin, G. 2000. State magnet for different elderly migrant type in the United States. *International Journal of Population Geography*, 6: 21-44.

Greenberg, L. 1982. The implications of an ageing population for land-use planning. In *Geographical perspectives on the elderly*, ed. A. Warnes, 401-425. John Wiley & Sons Ltd.

Harper, S. and Laws, G. 1995 Rethinking the geography of ageing. *Progress in Human Geography*, 19: 199-221.

Kasinitz, P. 1984. Gentrification and homeless: the single room occupant and the inner city revival. *The Urban and Social Changes Review*, 17: 9-14.

Kutty, N. 1998. The scope for poverty alleviation among elderly home-owners in United States through reverse mortgages. *Urban Studies*, 35: 113-129.

Lawton, M. P. 1970 Planning environments for older people. *Journal of the American institute of planners*, 35: 124-129.

Lin, G. 1990. Assessing changes in interstate migration pattern of United States elderly population, 1965-1990. *International Journal of Population Geography*, 5: 411-424.

Litwak, E. and Longino, C. Jr., 1987. Migration patterns among the elderly. *The Geographical Society of America*, 27: 266-272.

Morrill, R. 1994. Age-specific migration and regional diversity, Environment and Planning A 26: 1699-1710.

Rogers, A. 1989. The elderly mobility transition, Research on Ageing, 11: 3-32.

Rogers, A. 1992. Introduction, In *Elderly migration and population redistribution*, ed. Rogers, A. 1-16. Belhaven Press.

Rogers, A. and Woodward, J. 1992. Tempos of elderly age and geographical concentration, *The professional geographer*, 44: 73-83.

Rollinson, A. P. 1990. The everyday geography of poor elderly hotel tenants in Chicago. *Geografiska Annaler*, 72: 47-57.

Rollinson, A. P. 1991. The spatial isolation of elderly single-room-occupancy hotel tenants. *The Professional Geographer*, 43: 456-464.

Stutz, P. F. 1976. Adjustment and mobility poor amid downtown renewal. *The Geographical Review*, 66: 391-400.

Walters, W. 2000. Types and patterns of later-life migration. *Geografiska Annaler*, 82: 129-145.

Wiseman, R. and Roseman, C 1979. Typology of elderly migration based on the decision making process. *Economic Geography*, 53: 1-13.

───── 第2章 ─────

どこが高齢化するのか？
―地域メッシュによる分析からみた
東京大都市圏における高齢化の地域差―

　どこが高齢化するのか。都市空間を俯瞰したとき，都心も郊外も同じように進むのか，それとも早くに進む地区とゆるやかに進む地区にわかれるのか。地域差があるのなら，高齢化や過疎化が進む地区は固定されたままなのか，それとも時間の経過とともに移り変わるのか。その答えを探るため，本章では東京大都市圏における高齢化の地域差とその時間的な変化を追う。

1．東京大都市圏における住宅地形成の経緯

　まず，東京大都市圏の住宅地がどのように形成されてきたのかを，明治期以降に起きた人口移動の影響を加味して整理しておきたい。ここで改めて住宅地の形成のプロセスを取り上げるのは，住宅地には過去の社会状況が反映されており，現在目にしている住宅地は，それぞれの地区においてなされた決定や選択の結果だとみなす視点に立つからである（多治見・石原，1998）。なにより，都市における高齢化の地域差には，住宅地が形成されたプロセスが深く関わっている。そのため，高齢化の地域差や時差について考えを巡らせるには，住宅地が形成されたプロセスを把握しておくことが肝要になる。なお，ここでは都市を郊外，インナーエリア，さらにインナーエリアの中心を都心とする地域区分を用いる。

　東京における住宅地の分布は江戸時代の土地利用に端を発する（山口，1998）。いわゆる山の手の武家地と下町の町人地である。山の手，下町の名称は土地の高低だけでなく，住宅地としての適地性も表している。すなわち台地

上にあり良好な住宅地である山の手の大名屋敷と，低湿地に高密度で建てられた下町の密集市街地である。こうした江戸時代に形成された住宅地としての性質は，今日にも引き継がれている。

　もともと，江戸には参勤交代などにより多くの人が転入していた。江戸から東京へと名称が変わった直後の動乱期を除けば，地方から東京への人口移動は明治期以降もコンスタントに続いている。東京の人口は，地方からの人の流れによって増加し続けてきたとはいえ，明治から大正初期に地方農村から都市へ移動した人の多くは，書生・車夫・土工・商家の徒弟・奉公・女中・女工といった職についたので，彼らの住まいは下宿や間借りのような形式が一般的であった（西山，1990）。当時は家は借りて住むのが主流であり，新たな住宅が大量に建築されることもなかった。ゆえに東京の人口は増加していたが，住宅地の面積的な拡大はそれほど顕著ではなかった。

　大正〜昭和初期に入り対外向けの輸出産業が発達すると，これに従事する労働力を必要とした都市には，地方から多くの若者がやってきた。彼らは狭小な部屋やプライバシーが守れない住まい方を好まず，それまでの主流であった下宿や間借りという住まい方は敬遠された。これに代わる住まい方として好まれたのが，賃貸アパートである。住宅需要の増加と居住嗜好の変化は，インナーエリアにある住宅地にも影響を及ぼした。アパートを建てれば，それなりの不動産収入を得られるとあって，土地の所有者はこぞって木造の賃貸アパートを建設した。それゆえ，寮や給与住宅に入居した者を除けば，地方からやってきた若い労働者の多くが，木造の賃貸アパート，いわゆる木賃アパートの居住者となった。

　とりわけ下町とよばれたエリアには木賃アパートが乱立した。当時はまだ明確な都市計画や建築基準法が整備されていなかったこともあり，インナーエリアの住宅地には木造アパートが無計画に建てられていた。こうしたアパートの多くは，狭小で採光や通気も悪く安普請であり，住宅としての質も低かった。それでも住宅需要は高いままに維持されたこともあって，木賃アパートは増え続けた。こうして，木賃アパートが密集する地区は，過密で建て詰まった景観へと変化し，住宅地としての質も低下していった。後に，この木賃アパートが

密集するエリアは，都市防災のうえで重大な問題を引き起こす，老朽した木造アパートが密集する地帯へと変貌することになる。

　こうした既存住宅地における住宅の飽和や質の低下を受けて，良好な住宅地を求める社会的風潮が高まっていった。注目を浴びたのがハワード（1968）の田園都市構想に影響を受けた，計画的な住宅地としての郊外住宅地であった。この動きは既成市街地が，壊滅的な打撃を受けた関東大震災後に引き継がれ，私鉄沿線の宅地化事業のなかで顕在化していくことになる。しかしながら土地利用と人口増加の点でいえば，明治期から関東大震災前までは，旧武家地などが住宅地として開放されたこともあって，転入人口の増加にともなう住宅需要の拡大には対応できていた。震災を機に郊外の開発と住宅地化は進んだが，それでも戦後までは，住宅地の外延化は都心から 20 km圏程度に納まっていた（渡辺ほか，1980）。

　結局のところ，東京大都市圏における住宅地の形成に多大な影響を与えたのは，1960 〜 70 年代前半に起こった，拡大団塊の世代による地方から東京への大規模な人口流入であった。地方から都市へと転入した者の多くは，農村において潜在的な余剰人口とされた農家の非長子であった。長子相続の社会風潮が強い当時において，家を継ぐことができない彼らは，労働力を必要としていた大都市へと就業機会を求めてやってきた。その多くは，インナーエリアの木造賃貸アパートの住人となった。

　当時のインナーエリアでは，土地の所有者が庭先や空き地に賃貸アパートを建て，不動産経営を行う形態が主流であった。次々に木造アパートが供給されたが，それでも住宅は足りなかった。こうした状況は住宅地の質をいっそう低下させた。アパートの乱立による住宅の建て詰まりはいっそうひどくなり，居住環境はますます悪化した。もともと，木賃アパートは狭小であり騒音等の問題を抱えていたが，アパートが建て詰まることで日当たりや風通しも悪くなった。こうして，飽和状態にあったインナーエリアの住宅地は，過密であるだけでなく質的にも低廉なものへと変わっていった。もはや，この時期のインナーエリアにおいて，良好な住宅地を求めるのならば郊外方向に向かうしかない状況に陥っていた。

　このときの住宅不足の深刻さは，第二次池田内閣の国会でも議題として取り上げられるほどに大きな社会問題となっていた。それほどまでに 1960〜70 年代前半に都市に流入した人口は膨大であり，都市に与えた影響が大きかったことの証左であろう。やがて彼らが住宅取得年齢に達すると，今度はマイホームを求める住宅需要者の数と供給できる住宅の数に乖離がおき，持家住宅の絶対数が不足する事態となった。賃貸からマイホームへと住宅需要の軸は動いたが，住宅不足は続いた。

　対応を迫られた政府は，1950 年に日本住宅金融公庫，翌年には日本住宅機構を設立し，1955 年になると建設省内に宅地課を設置する。さらに同 1955 年にその後の住宅地形成に多大な影響を与える，日本住宅公団（1981 年に住宅・都市整備公団となり，その後 1999 年に都市基盤整備公団に引き継がれ，2004 年より都市再生機構になる）が立ち上げられ，この問題の対応に追われていく。なかでも日本住宅公団が中心となって造成された大規模な住宅地（いわゆる公団住宅）は，既成市街地の縁辺部や空間に余裕のあった郊外の外縁方向へと広がり，現在の住宅地分布の基礎を形作っていった。

　また，1960〜70 年代は住宅産業化の時代でもあった。政府の打ち出した持家主義政策は，これを牽引する役目を担った。それまで大工による職人的手工業であった住宅建設は，住宅メーカーによって規格化と部品化が進み，プレハブに代表される住宅の工場生産化が進んだ。これにより住宅の価格は下がり，工期は大幅に短縮された。

　当時の住宅需要は高く，インナーエリアの低質な木賃アパートであっても家賃はそれなりに高額で，家賃とローンの支払い額はほぼ同じであった。そのため，頭金さえ用意できればマイホームを購入し，インナーエリアより住環境がよい郊外へと転出できた。土地と建物をセットで販売する，いわゆる建売り住宅が普及したのもこの頃からである。これにより，構造物としての住宅そのものではなく，そこでの暮らしをコンセプトに据えて住宅地として販売する方式が増えていった。静穏な暮らしや自然環境に恵まれた生活など，住宅の性能というよりも，そこで暮らすことの魅力やイメージで住宅が売られていった。

　1980 年代になると，郊外における人口増加と，インナーエリアでの人口減

少が顕著になる。高見沢 (1985) によれば，1970 ～ 80 年にかけてインナーエリアの木賃密集地域と住工混在地域から 54 万人，都心地区から 19 万人が転出したというのだから，80 年代のインナーエリアでは目に見えて人口が減っていたと思われる。彼らの転出先は，まだ土地に開発の余裕があり住宅の供給が可能であった東京都 23 区の東部や西部と，郊外に造成された住宅団地であった。氏は，人々が住宅を求めて郊外へ移動したことで，区内から約 49 万人が転出したと推定している。とりわけ急速な地価上昇の波に飲み込まれ，業務地区へと変貌しつつあった都心と，木賃アパートの建て詰まりにより居住環境が悪化していたインナーエリアの人口減少は著しく，いわゆるドーナツ化現象が新たな問題として広く認識されるようになった。

　1980 年代後半～ 1990 年代前半になると地価の高騰はピークを迎えるが，マイホームを求めての郊外への移動は続いていたので，インナーエリアの人口は減り続けていた。とりわけ都心の空洞化は深刻であった。都心に残されていた住宅地は，地価高騰の煽りを受けて土地ころがしに踊らされた。投資会社にとって，都心の住宅地は空間的に開発の余地があり，投機的な価値が高い存在であった。人口減少が進んでいた都心では住宅地がオフィスや商業地へと土地利用を変えたことで，いっそうの人口減少が進むことになった。

　地価高騰の波は都心のみに収まらず，インナーエリアから郊外へと広がっていった。もはや，サラリーマンが 23 区内に住宅を取得することは，「実家が区内にない限り不可能」といわれるほどに，住宅の価格は高騰した。もちろんインナーエリアにもマイホームとしての集合住宅は供給されてはいたが，それらの販売価格は高く，そもそもの絶対数が足りていなかった。限られた土地に多くの住戸を供給できる集合住宅でさえ建てられない状況であったのだから，戸建住宅についてはいうまでもない。

　なにより，戸建志向が強い時代である。平均的な労働者である住宅需要者の多くは，庭付き一戸建を求めて郊外へと向かった。相当な数が郊外へ移動したが，それでも拡大団塊の世代の住宅需要は収まらず，地価は上昇を続けた。もはや，郊外であってもインナーエリアに近い地区において，新たな住宅用地を獲得することは相当に困難な状況にあった。その時々において，最も外縁に位

置するエリアに住宅地が造成されたが，それでも住宅は足りず郊外は外縁方向へと拡大を続けた。こうして，通勤に片道2時間以上を要するような，遠郊外や超郊外といわれるほどの外縁部にまで都市圏が拡大していった。拡大団塊の世代は，彼らの住宅需要でもって都市圏を外側へと押し広げたのである。

　2000年代にはいると，投機対象として企業や投資家に抱え込まれていた土地が，地価の下落とともに市場に放出される。都心を含めインナーエリアには，新たな集合住宅が供給され，これらは多様な価値観やライフスタイルを持つ需要者の支持を集めた。庭付き一戸建にこだわらない層や共働き世帯などがこうした住宅を購入した。そうした動きの一端が，都心回帰や郊外からの住み替えとして報じられた（楢谷，2003；週刊朝日，2003）。

　もっとも，インナーエリアにおける人口増加は，地価下落以外の要因も大きかった。1つは建築技術の向上である。いわゆるタワーマンションの建設が可能になったことで，限られた土地に多くの住宅を供給できるようになった。グローバリゼーションを追い風として，ウォーターフロントに建設されたタワーマンション群などはこの一例である。一方，インナーエリアの既存住宅地においても，3〜4階建てのミニ戸建住宅を建てることが，技術的に可能になっていた。狭小な底地であっても，ある程度の延べ床面積を確保することができるミニ戸建住宅の普及により，かつては一戸の住宅しか建てられなかった土地に，3〜4戸の住宅を造ることができた。建築技術の向上は，狭い土地に多くの住宅を供給することを可能にし，結果として住宅の価格を抑制した。このことは住宅需要者に複数の選択肢を与えた。郊外住宅とほぼ同等の価格で，庭付き一戸建ての郊外か，多少手狭になるがアクセスのよいインナーエリアかを選べるようになった。

　2つ目の理由は，人口減少にともなう住宅需要の低下である。1980〜90年代に起きた地価高騰は，拡大団塊の世代の住宅需要によるところが大きかった。特に，地方から都市へ移動し定着した彼らは，新たに住宅を取得する必要があった。彼らの人口規模は大きく，受け入れ側となった都市の住宅は常に不足していた。当然のことながら，彼らの多くが住宅を取得し終えれば住宅需要は低下する。団塊ジュニアと呼ばれる彼らの子世代による多少の盛り返しはあ

っても，その需要は親世代ほどには期待できるものではない。また，彼らは潜在的には親世代の住宅を引き継ぐことができるので，本質的な住宅の需要は限られている。さらにいえば，都市への転入超過傾向は続いているが，かつてほどの人口流入が見込めないことは自明であるから，都市における社会増も限定的となる。これに加えて，地方の若者は地元を足場とした範囲での進学や就職を志向する傾向も指摘されている（轡田, 2017；石井ほか, 2017）。いずれにしろ，人口が減少すれば，住宅需要は下がる。つまり，住宅は余るようになる。

　この状況に拍車をかけたのが少子化である。子供がいないか，いても1人か2人という世帯が主流になると，居住に必要な延べ床面積は減少する。つまり，庭付きのマイホームを持とうとすれば必然的に郊外にいくしか選択肢がなかったかつての住宅需要者と異なり，新たな住宅需要者は，面積や生活の利便性を勘案すれば，郊外だけでなくインナーエリアにも住宅を持てるようになった。

　一連の動きは，ドーナツ化により人口が減少していたインナーエリアに，新たな住民を呼び込むことになった。しかし，郊外は人口の転出元となり始める。特に郊外の外縁部に造成された大規模な住宅地は，造成や分譲の時期が限られるため，入居時から地区の年齢構成に偏りがあった。こうした初期条件に加え，新たな転入者が限られる住宅地では，人口減少と高齢化が進行する地区も確認されるようになった。こうした郊外の様相は1990年代後半にはすでに予見されていた。例えば，小田（1997）は「ゾンビ」という言葉を用い，土地神話の崩壊を背景に，消費社会の負の遺産として，郊外住宅地が取り残される可能性を指摘している。角野（2000）も同様に，既存市街地から切り離されて造成された郊外住宅地は，オールドタウン化やゴーストタウン化が起きることを予察的に示している。同氏は郊外住宅地には住居水準が高く，資産を保有している住民が多いが，人口減少によりインフラの維持が困難になる可能性を早い段階から危惧している。

　その後，郊外地域には多くの空家を抱えることになる地区や，新たな住民の確保に成功した地区など，それぞれの地区が持つ住宅地としての競争力によって，地区人口の維持に関する明暗が分かたれることになる。若者がどこに住むのかという不確定要素はあるが，拡大団塊の世代の登場によって生み出され，

逼迫した住宅需要に応えてきた郊外はひとつの役割を終えつつある。これから
どのような道を歩むのかは不明瞭であるが，東京大都市圏の住宅地という空間
の構成が，組み代わろうとしているのは確かであろう。

2．2005年における高齢化の地域差

　では，冒頭の問いに立ち返ろう。都市の高齢化に地域差はあるのか。あると
すれば，それはどのようなものか。

　次に示す図は，東京大都市圏における2005年と2030年の高齢化率を示した
ものである（図2−1）。分析には国勢調査の基準地域（3次）メッシュのデータ
を用い，1kmメッシュあたりの人口が1,000人を越えるもののみを対象とした。
また，2030年の数値については，コーホート変化率法に基づく将来人口推計
により算出した。さらに，将来的な高齢化の進展パターンを抽出するために，
2000年と2005年の年齢別の人口に対してクラスター分析を行い類型化してあ
る。ここでは便宜的に東京大都市圏の範囲を東京駅を中心とする60km圏内と
した。

・どこが高齢化しているのか
　2005年の高齢化率をみると，都市の内側が赤く外側が青いことに気が付く
（図2−1）。大まかに見ると，2005年時点では高齢化が進むインナーエリアと，
比較的高齢化が抑制されている郊外という構造になる。

　インナーエリアをよく見ると一部に色が濃い地区がある。これは，高齢化が
進むインナーエリアのなかでも，特に高齢化が進んでいるエリアである。神田
や東京駅周辺には高齢化率が20％を超える地区もある。これらの地区は商業
地としてのイメージが強いが，古くからの住宅地としての顔も併せ持ってお
り，戦前からの入居者も多い。加えて1980年代後半〜1990年代前半に起きた
地価高騰により，地区の年齢構成を変えざるを得なかった経緯を持つものも少
なくない。近年は新たな住民の転入により，都心の人口は増加傾向にあるが，
古くから続く住宅地が経験した地価高騰の影響は大きく，この時点では地区人

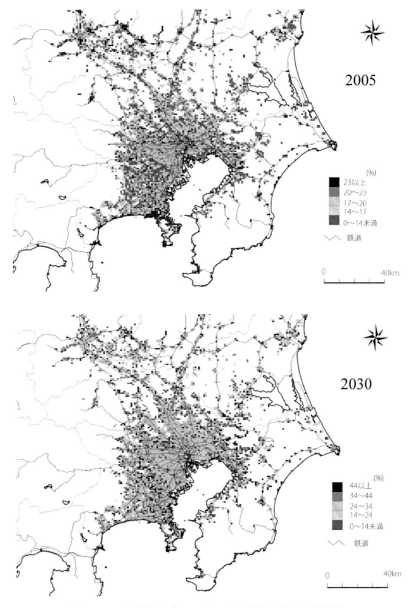

図2−1　高齢化率（2030年は人口推計に基づく予測値）

（国勢調査より作成）

口の高齢化と減少が，他のインナーエリアや郊外地域よりも進んでいたことが
わかる。

　また，郊外地域においても，縁辺部には数値が高い地区がある。郊外の高齢
化が深刻化していないこの時期にあっても，条件の悪い住宅地では他に先駆け
て高齢化が進んでいた可能性がある。それでも，この時点の郊外における高齢
化は深刻なものではなく，そういう地区もあるよねという程度で，さほど注目
もされていなかった。

3. 将来人口推計からみた高齢化のパターン

（1）推計方法と使用データ

　高齢化の地域差は時間の経過によってどう変化するのか。これを知るには，
将来的な地区の年齢構成を予測し，年齢別人口構成（人口ピラミッド）の推移
を把握する必要がある。そこで，2005 年と同じ範囲において，将来人口推計
を行うことにした。各地域メッシュ（1 km メッシュ）の人口を基に 2030 年まで
の高齢化率を予測する。具体的には，国勢調査の地域メッシュデータ（2000 と
2005）を用いて，コーホート変化率法に基づく人口推計を行った。その際には，
2000 年人口を基準人口とし，1）2000 〜 2005 年の男女 5 歳階級別コーホート
変化率が 2030 年まで一定，2）2005 年の子ども・婦人比が 2030 年まで一定，
3）全メッシュの 2030 年までの出生性比は 2000 〜 2005 年の全国の出生性比
の平均 105.5 とする仮定をおいた。なお，コーホートの安定性が疑われるため，
2000 年時点で 1,000 人未満のメッシュについては対象外とした。

（2）2030 年における高齢化の地域差

　2030 年と 2005 年の地図を比較すると，大きな構造の変化が見て取れる。
2005 年の地図では，高齢化率が高いことを示す赤や黒の地区は都市の内側に
あり，低い地区を示した青い色は都市の外側にあった。しかし，2030 年にな
ると，赤く色づけされた地区は都市の外側に広がり，青い色は内側へと分布を
変えている。もちろん，全国的に高齢化が進んでいるため，2005 年と同じ水

準では比較できないが，高齢化率が高い地区が内側から外側へと入れ替わることは興味深い。つまり，高齢化率が低かった郊外地域において高齢化が進み，高齢化率が高かったインナーエリアの高齢化は抑制されると推測される。わずか数十年で，高齢化とその先にある過疎化が進む地区が，インナーエリアから郊外へと入れ替わる構造上の転換が行われると予測される。

　それでは，高齢化が進むと予測される郊外地域を詳細に観察してみよう。2030年の地図をみると，都心や鉄道路線からの距離によって高齢化の程度に差があることがわかる。東京駅を基点とする半径40〜50 kmの範囲や，鉄道路線から離れるほどに黒や赤に色分けされた地区が多くなる。こうした色分けがなされることについて，都心への通勤という視点から解釈してみたい。まず，都心からの距離である。中心から外側に向かうほど高齢化率が上がる。さらに，鉄道路線からの距離を重ねてみると，鉄道を示す黒い線から距離が離れるほど，高齢化率が高い地区が目立つようになる。つまり，東京大都市圏をひとつの通勤圏と捉え，都心が就業地であるという前提の下では，都心への通勤に時間が掛かる立地にある地区ほど，高齢化と人口減少がそうでない地区よりも早々に進むと考えられる。

（3）メッシュの類型化

　なぜ，高齢化が進む地区がこれほど劇的に変わるのか。その問いに答えるには，地区の年齢別人口構成（人口ピラミッド）の変化を読み解くことが必要になる。そこで，個々のメッシュごとに人口ピラミッドを作成し，それらの類型化を行った。具体的には，2000年の5歳年齢階級別人口割合に対してクラスター分析を施し，分析対象メッシュの類型化を試みた。なお，データ数が膨大であるため原データである5歳階級別人口割合を列に，各メッシュを行にとった地理行列データに主成分分析を

表2−1　クラスターの内訳

	(N=6337)	(%)
安定（都市内部）型	2,153	34.0
抑制（都市内縁）型	1,833	28.9
進展（郊外駅近）型	1,522	24.0
過疎（郊外駅遠）型	609	9.6
学校・施設型	220	3.5

（国勢調査より作成）

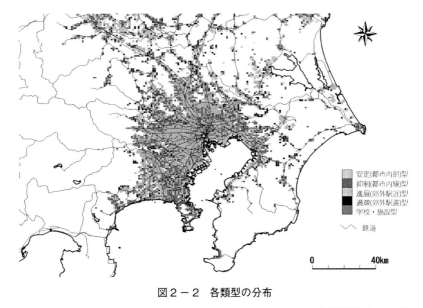

図 2 － 2　各類型の分布

（国勢調査より作成）

行い，抽出された合成変数にクラスター分析を適用した。クラスター分析には
メッシュ間の相関係数を距離としたウォード法を用いた。分析の結果として，
5 つのクラスターが抽出された（表 2 － 1）。このうち上位の 3 クラスター分析
対象メッシュ（6337）の 87％が入った。さらに，分布と人口ピラミッドの特徴
から，それぞれを安定（都市内部）型，抑制（都市内縁）型，進展（郊外駅近）型，
過疎（郊外駅遠）型，学校・施設型と名づけた。なお，各類型の分布は図 2 －
2 に示してある。

（4）類型ごとの特徴

　将来的な高齢化の進展と地区の人口がどの程度維持されるのかを予測するた
め，各類型に属するメッシュの年齢別人口構成（人口ピラミッド）のモデルパ
ターンを作成した。以下の図では，算出した各類型における人口ピラミッドを
2005 年から 10 年おきに重ねて示してある（図 2 － 3）。なお，2005 年は実数で
あるが，2005 年以降は推計値となる。

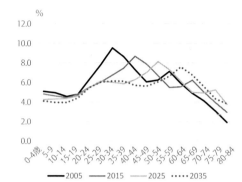

安定（都市内部）型

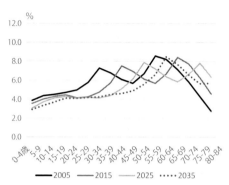

抑制（都市内縁）型

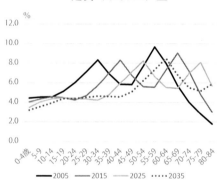

進展（郊外駅近）型

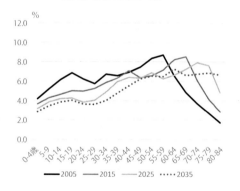

過疎（郊外駅遠）型

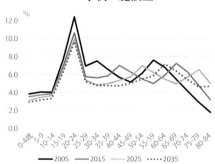

学校・施設型

図2－3　各クラスターの年齢別人口構成

（国勢調査より作成）

1）安定（都市内部）型

　安定（都市内部）型は，34.0％と全メッシュの中で最も大きな割合を占める。若い世代（18～40歳代）の割合が高く60歳以上の割合が低い。年齢構成をみると，若い世代の割合が60歳以上のそれを大きく上回るため，将来的な高齢化と人口減少の程度は他のタイプよりも抑制される可能性が高い。

　このタイプはインナーエリアに広く分布する。鉄道路線との関係に着目すると，鉄道に沿うように同色のエリアが立地している。これらは，鉄道路線が拡大する中で開発が進んだ新興住宅地の分布と概ね一致する。都心を中心とした就業や就学を前提とすると，このタイプが広がるエリアは通勤や通学の負担が軽く，日常生活の利便性が高い住宅地だと判断して差し支えないだろう。

2）抑制（都市内縁）型

　安定（都市内部）型に次いで多くを占めるのが，抑制（都市内縁）型である。このタイプの人口ピラミッドには，親世代と考えられる50～60歳代と子世代に相当する20～30歳代が突出した2つのピークがある。こうした形状は，同年代の住民が地区外から大量に転入したことを意味しており，新しく造られたニュータウンのような住宅団地に顕著である。

　多くの場合において，子世代よりも親世代の割合が高い地区が，高齢化と人口の減少が早くから進みやすい。抑制型のピラミッドも子世代より親世代の割合が高いので，いずれ高齢化と人口減少が進むと考えられる。しかし，親世代と子世代の2つの山の間にある谷が深くないこと，さらに山の傾斜がなだらかであることから，高齢化と人口減少の進むスピードは郊外にある住宅団地のそれよりも緩やかであると予測できる。こうした緩やかな2つのピークを持つ人口ピラミッドは，地付きの居住者がある程度存在している地区に，地区外から同じ年齢層の住民が転入した可能性を示唆する。いいかえれば，もともと住宅地として成立していた地区に，付け加わる形で新たな住宅地が形成され，旧来の住民にプラスして新たな住民が転入したことで，現在の住宅地が成立したと推測できる。したがって，郊外のニュータウンのように2つのピークを持つピラミッドが，もともとあった住宅地のピラミッドに乗る形となり，このような

ゆるやかなピークを持つ形状になったのだろう。もちろんこのタイプに分類される地区においても，高齢化や人口減少は起こるが，そのスピードは郊外に形成された住宅団地よりも抑制され，ゆるやかに進むと考えられる。

3）進展（郊外駅近）型

進展（郊外駅近）型は，分析対象の約 1/4 を占める。このタイプは抑制型と同じく，60 歳前後の親世代とその子世代に相当する 30 歳前後が占める割合が高い。しかし，地区人口の維持という点では，抑制型とは様相を異にする。進展型と抑制型の人口ピラミッドを比較すると，両者とも 2 つのピークを持つ点は共通するが，進展型は抑制型よりもピークが刻む谷が深い。こうした形のピラミッドを描くのは，もともとその地区に住んでいた住民よりも，新しく地区内に転入した住民の割合が高い場合にみられる。おそらくは，住宅地としての土地利用が主流でなかった地区に，新規に造成された住宅団地であろうと推測できる。

人口減少社会において地区の人口を維持するには，高齢化や過疎化によって減ずる分を補う必要がある。抑制型と異なり進展型にはこの点に難がある。まず地区外からの転入であるが，ピラミッドの形状から推測するに，現状では新たな住民の転入も，地区の年齢構成に変化を与えるほどには起きていない。子世代にあたる 30 歳前後の住民もある程度はいるが，彼らが地区外から転入した若い世帯なのか，それとも子世代がまだ離家していないのかによって，将来的な地区人口の趨勢は変わる。もし若い世帯がある程度いるのであれば，地区人口の高齢化と減少のスピードは軽減される可能性が高いが，子世代がまだ離家していないのであれば，彼らが進学・就職・転職・結婚などにより地区外へ転出する可能性が高く，高齢化と人口減少は加速する。

いずれの傾向が強いのかを判断するひとつの材料として，子世代の次世代，つまり親世代からみて孫世代にあたる 18 歳以下の割合が参考になる。進展型は抑制型と比較して，この年代の膨らみが小さく次世代の割合が低いことがわかる。したがって，地区人口の維持という意味においては，進展型は抑制型よりも厳しい条件にある可能性が高い。

４）過疎（郊外駅遠）型

　過疎（郊外駅遠）型が占める割合は，全メッシュの１割程度である。このタイプの人口ピラミッドは，50歳前半までは特定の年齢が突出せず，比較的なだらかな形状を取る。また，進展（郊外駅近）型と同様に60歳以上の割合が低く，新しく造成された住宅団地に特有の形状であるため，過疎型も既成の市街地を持たない地区に形成された住宅地である可能性が高い。

　このタイプは郊外地域の中でもより外側，都心から見て外縁方向に多く分布している。ここに鉄道路線からの距離を重ね合わせると，過疎型は鉄道からかなりの距離にある。過疎型は進展型と隣接している地区も多いが，最寄り駅からみるとまず進展型があり，次に過疎型が現れる。つまり，都心から距離がある郊外地域の中でも，駅から距離がある地区に過疎型が分布している。

　住宅需要が低下し，住宅が余ると予測できる現状においては，より競争力の高い住宅地が優先的に選択される。経済的な負担が同程度であれば，条件がよい住宅地が選択される。地元を中心とした住宅需要はあるだろう。しかし，都心への通勤圏としては厳しい条件にある地区が現在と同等の規模で人口を維持できるかといわれると，難があると答えざるを得ない。したがって，将来的に高齢化と人口減少が急速に進むことは避けられず，おそらくは都市圏において過疎化が進む地区のひとつとなる可能性が捨てきれない。

５）学校・施設型

　学校・施設型の占める割合は全体の3.5％とわずかである。このタイプの特徴は，10歳代後半から20歳代前半の割合が高いことにある。学生寮や職員寮などが立地しているか，大学や専門学校に通う学生が多く住む学生街に典型的にみられる。同類型は，インナーエリアと郊外の境目に多く分布する。こうしたエリアには，都心から郊外へと移転した大学や工場が多く立地している。大学や専門学校などは，若者を地区外から地区内へと牽引するため，このタイプの人口ピラミッドにおいて，高校卒業時にあたる18〜22歳を含む年齢層が高い割合を占めていることには納得がいく。

　地区外から転入して一定の期間を地区内で過ごした後に転出する若者は，流

動的であり定住層となる可能性は低いが，高齢化と人口の減少を抑制する存在である。大学の都心回帰も活発化しているので，将来的にもこの構造が継続されるのかは不明であるが，若者が供給される構造が維持されている間は，地区の高齢化と人口減少は抑制されると考えられる。

4．内と外―構造の変化

　本章では，東京大都市圏を対象に2時点における高齢化の地域差とそのパターンを空間的に観察した。注目すべき点は，将来的に高齢化率が高い地区が都市の内側から外側へ入れ替わることにある。2005年の時点では，インナーエリアの高齢化率が高く，郊外の高齢化はそれほど進んでいなかった。大きくみれば都市の内側で高齢化が進み，外側にはこうした兆候は顕著ではなかったといえる。しかし，将来的にこの構造はおそらく逆転する。インナーエリアでは高齢化が抑制されるが，郊外では高齢化が進む。

　なぜこうなるのか。結論から言えば，拡大団塊の世代の居住動向が土台を築き，その後の若者の居住志向と住宅需要の変化がこのような状況を形づくっていくと考えられるからである。巨大な人口ボリュームである地方出身の拡大団塊の世代は，産業構造の変化から労働力を必要としていた都市へと流入した。彼らがまず住んだのが木造の賃貸アパートであった。いわゆる木賃アパートはインナーエリアにおいて大量に供給されたが，過密に建て詰まったアパート群は居住環境の悪化や住宅地としての質の低下を招いた。より良い居住環境を求めた拡大団塊の世代の多くは，やがて庭付き一戸建てを求めて郊外へと転出した。このことが，郊外の年齢別人口構成に偏りを生じさせる礎となる。

　図らずして，特定の年齢に属する巨大な人口ボリュームを持つ集団が，郊外に誕生したわけである。彼らが統計的に高齢者とみなされる65歳以上に達するまで，郊外の高齢化率は上がらない。しかし，時間の経過により彼らの加齢が進めば，郊外の高齢化率は上がっていく。もちろん個々の住宅地の持つ条件によって，高齢化の程度は変わってくる。しかし，郊外の高齢化と過疎化が進む構造はそう大きくは変わらない。

　都市においても高齢化と人口減少が進むことは避けられない。しかし，その
程度に影響を与えるのが若い世代である。彼らの居住動向が，都市のどこで高
齢化と過疎化が進むのかを左右する。人口減少社会では，概して住宅需要は低
下するので，若者もある程度は居住地を選択できるようになる。彼らにとって
魅力に乏しい地区は，高齢化と人口減少が他の地区よりも早期に進む可能性が
ある。こうした状況が相まって，高齢化の進む地区の分布が数十年でひっくり
返ると考えられるのである。

参考文献

石井まこと・宮本みち子・阿部　誠編著 2017.『地方に生きる若者たち』旬報社.

小田光雄 1997.『＜郊外＞の誕生と死』青弓社.

角野幸博 2000.『郊外の 20 世紀　テーマを追い求めた住宅地』学芸出版社.

轡田竜蔵 2017.『地方暮らしの幸福と若者』勁草書房.

週刊朝日 2003. 伸びる駅沈む駅. 週刊朝日　5：142-147.

高見沢邦彦 1985. 既成市街地の更新と住宅・住環境問題. 不動産研究　27：11-18.

多治見左近・石原清行 1998. ハウジングを計画する. 住環境の計画編集委員会編『住環
　　境の計画4 社会のなかの住宅（第4版）』彰国社.

楢谷哲也 2003. 沈む街，浮かぶ街. PRESIDENT　3：146-150.

西山卯三 1990.『すまい考今学』彰国社.

ハワード, E. 著, 張素連訳 1968.『明日の田園都市』鹿嶋出版会.

山口　廣 1998. 東京の郊外住宅地. 山口　廣編『郊外住宅地の系譜（第3刷）』鹿島出
　　版会.

渡辺良雄・武内和彦・中林一樹・小林　昭 1980. 東京大都市地域の土地利用変化からみ
　　た居住地の形成過程と多摩ニュータウン開発. 総合都市研究　10：7-28.

──── 第3章 ────

なぜ地価高騰後に都心の高齢化が進んだのか
― 2000年代初頭の千代田区における
土地資産の活用と高齢化―

1980年代後半にピークを迎えた地価高騰は，バブルの崩壊と相まって，都市空間にさまざまなインパクトを与えた。とりわけ，都心地区へのそれは大きかった。すでに減少傾向にあった都心の人口に追い討ちをかけ，地区における高齢化と過疎化を推し進める結果をもたらした。本章で取り上げる千代田区の小川町付近も，こうした地価高騰の影響を受けた地区である。本章では，地価高騰が都心の人口に与えた影響を，2000年当時の状況から読み解いていく。

1. はじめに

高齢化は都市において画一的に進むのではなく，分布や程度に地域的な差異があることは，以前から指摘されてきた (Graff and Wiseman, 1978；Morrill, 1994；斎野，1989, 1990)。都市における高齢化の地域的な差異，つまり地域差は選択的な人口移動によってもたらされる (香川，1990；高山，1983など)。理論的には，ある地区における高齢化は（完全に人の出入りがない閉鎖された空間でなければ），住民の加齢と人口移動によって説明できる。例えば，65歳以上の人口数は同じでも，その地区から若者が選択的に転出すれば，地区人口に占める65歳以上人口の割合が上がるので高齢化率が上がる。高齢者をターゲットとしたマンションの供給等によって，高齢者が地区内に選択的に転入した場合も同様である。

しかし，都市における高齢化の程度は，若者層の転出入動向によって差異化されるケースが多い。実際，2000年前後のインナーエリアでは，拡大団塊の

世代の持家需要から若い世帯が郊外地域へ転出したことで高齢化率が上がり，転入先となった郊外では，地区人口に占める65歳以上人口の割合が低下したことで，高齢化率が抑えられた。

　定住意向の強弱や若者の移動は，経済的・社会的要因が絡みあって起こるので，それらを充分に考慮して読み解く視点が必要になる（長沼，2003）。そのため，前章で見た2005年の高齢化率を示した地図において，インナーエリアの中でもひときわ高齢化の程度が著しかった都心[1]と，都心を取り巻くように広がる周囲地区では，それぞれに異なるメカニズムで高齢化が進んでいたと考えられる[2]。そこでまず，2000年前後の都心における人口と土地利用の特徴を，インナーエリアと比較しながら整理しておきたい。なお，地域的な区分ではインナーエリアは都心を内包するが，ここでは都心を区別するため，特段の記述がない限りインナーエリアは都心を除いた周辺のエリアとする。

　当時，ドーナツ化の影響により両地区の人口は減少していた（高橋，1992）。しかし，昼夜間別人口でみると両者には明確な違いがあった。インナーエリアでは昼夜間人口共に減少したのに対して，都心では夜間人口は減少したものの昼間人口は増加していた（山本，1977）。同じ都市の内部で起こった人口減少であるが，定住人口が減少し就業地としての性格を強めた都心と，住宅地としての性格が強いままに据え置かれたインナーエリアには，構造的な違いがあったことが伺える。

　こうした差異をもたらしたのは，1990年前後のオフィス需要の高まりを契機とする地価の高騰である。この時期は，投機的な土地の売買が盛んであり，オフィス用地としての価値が高かった都心の地価がまず上昇した。都心に売買できる土地がなくなると周辺に代替地が求められ，インナーエリアの地価も波及的に押し上げられた。このことが都心とインナーエリアの土地利用に及ぼした影響は大きかった。

　都心では土地資産が売買され，安定的な賃料収入が得られるオフィスビルへの転用が進んだ。さらに投機目的から企業による土地の買い上げと，新たなオフィスビルの建設が急速に進み，都心は住宅地として成り立っていた地区も業務地区へと変貌した（野口，1989）。一方，もともと住宅地としての性格が強かったインナーエリアは，都心の住宅需要を吸収する代替地となり，地価が上昇していたにもか

かわらず住宅の建設が増加した。もちろん，この時期はインナーエリアにおいてもオフィス需要が高まっていたので，住宅用地がオフィスビル用地へ転用されたケースもあったが，多くは地価高騰の収束後に再び住宅用地へと転換している。

　急激な地価の上昇とそれにともなう土地利用の変化を経験した両地区であるが，地価高騰が収束した直後の様相は異なっていた。インナーエリアが住宅地としての性格を維持もしくは回復したのに対して，都心は業務地区への転換が進み住宅地としての性格は薄らいだままであった。なかでも，詳細な調査を行った東京都千代田区神田小川町一丁目付近（以下，詳細調査地区）は，空間的な余裕が失われていた丸の内地区などからスピルオーバーしたスペース需要を引き受ける形で，急激な地価の上昇に見舞われていたため，この時期にも土地の売買は活発であり建物の高層化も続いていた。結果として，地価の高騰がひとまず落ち着いた2000年当時の小川町付近では，同じ街区の中に住宅とオフィスビルが混在化しており，建物内部の空間利用においても住宅とオフィスが入り混じった状況にあった。水平方向だけでなく，垂直方向にも空間利用が混在しており，同じビルの中にあってもオフィスとして利用されているフロアもあれば，住居として使われているフロアもあった。

　こうした事態を踏まえると，この時期における都心の状況を考えるには，次の点に配慮する必要がある。一つは，住民の多くが地区の構成員であると同時に，オフィスビルや商店の経営者でもあるという点である。彼らが都心に住み続ける，もしくは転出するに至った理由を，彼らが土地資産を活用する経営者という側面から捉える必要がある。

　いま一つは，住民の日々の生活を支える生活基盤など，彼らの生活を取り巻く居住環境を暮らしやすさの点から考慮する視点である。都心に住民が住み続けるには，生活を支える居住環境の維持が不可欠である（香川，2000）。しかし，1990年前後の都心は日用品を扱う商店の撤退が続くなど，市場的土地利用[3]が他の土地利用を凌駕した状態であった（日端，1990）。こうした住民を取り巻く居住環境の変化が若い世代の転出を促したとされる。例えば，中林（1990）は，同地区では子世代が満足する居住環境が供給されないために，一定水準の住宅を求めた子世代が地区外へ転出した可能性を指摘している。同様に松本・大江

(1995) も, 都心は広い住宅や子育てに適した環境など, 子世代の住に対する要求が満たせない居住環境にあるため, 彼らは地区外へ転出したとみている。

　以上を踏まえ, 地価高騰とその後の下落が都心の高齢化に及ぼした影響を, 土地資産の利用と居住環境の点から説明してみたい。手順としては, まず詳細調査地区の住民の世帯構成と住宅の状況を明らかにし, 同地区の高齢化が子世代の地区外転出により生じていることを示す。次に, 彼らの転出理由を 1990 年前後の不動産から得られる収入を中心に考察する。そのうえで, 地区内に留まった住民の定住意向と住み続けの可能性について, 居住環境の面から検討していきたい。

　ここでは, 2000 年前後の東京都千代田区小川町付近を対象地域として論を進めたい (図 3 - 1)。主として用いた資料は, 土地と建物に関しては土地・建物の登記簿謄本[4) ならびに統計資料で, 必要に応じて現地調査を行った。世帯構成と購買行動については, 対象地域の住民約 35 世帯に対して聞き取りおよびアンケート調査を行った。なお, いずれの資料データも調査当時のものである。

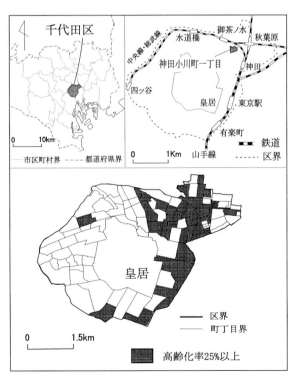

図 3 - 1　対象地域図

(千代田区資料・国勢調査 (2000) より作成)

２．地価高騰と高齢化

（１）バブル期の地価の高騰

詳細調査地区付近は，千代田
区で最も地価が上がった1991
年当時の地価公示価格が18,000
千円／㎡と，同区の平均（15,577
千円／㎡）を上回り，丸の内な
ど業務に特化した地区を除い
た区内の最高額を記録してい
る（図3-2）。また，同区の地
価公示価格がほぼ安定してい
た1980年を基準として，1991
年までの上昇率をみても，千代
田区の平均地価が978～15,577
（千円／㎡）と15.9倍の伸びで
あるのに対し，当該地区は730
～18,000（千円／㎡）と24.7倍
の伸びを記録している。同期間
の住居地や商業地の伸びが，そ
れぞれ16.6倍，15.9倍と同区

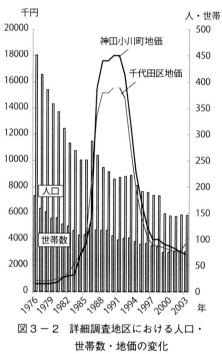

図３－２　詳細調査地区における人口・
世帯数・地価の変化

（住民基本台帳ならびに地価公示より作成）

における平均的な伸びであることを鑑みても，この時期の小川町付近の地価
の上昇が急激であったことがわかる。

おそらく，小川町付近は新たなオフィス用地を提供できる都市空間として，
投機的価値が高い地区と見積もられたのであろう。また，同地区付近は1970年
代から住宅の更新時期に入っていたとみられ，地価上昇とオフィス需要の高まり
が高層化の動きを後押しした可能性がある。これらのことから，同地区は都心
の中でも，地価高騰の影響を顕著に受けた地区のひとつであったと考えられる。

（2）当時の高齢化の様子

当時の高齢化の様子を国勢調査の数値より確認しておきたい。2000年時点における千代田区の高齢化率は20.9％と23区の平均16.4％と比較して高齢化が進んでいた。とりわけ，詳細調査地区は高齢化率が

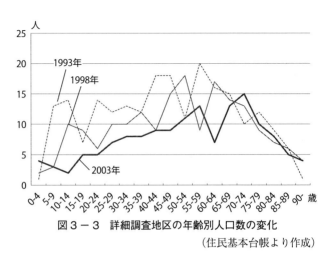

図３－３　詳細調査地区の年齢別人口数の変化
（住民基本台帳より作成）

25％を越えており，千代田区の中でも高齢化が進む地区のひとつであった（図3－1）。また，千代田区が1996年に区外への転出者に行った調査（千代田区・都市開発部，1998）から住民の居住年数と転出の状況を確認してみると，この時期の転出者の約70％が居住年数10年未満の世帯であったことがわかっている。その一方で，10年をこえる世帯も転出世帯の約３割（27％）を占めており，流動性の高い短期居住者だけではなく，定住層とみなせる長期居住者も地区から転出していた様子が伺える。

３．土地資産の活用と子世代の転出

当時，都心の人口は減少しており，詳細調査地区である小川町付近はその最たるものであった。同地区では，1976年には451人いた住民が2003年には146人へと約1/3にまで減少している（図3－2）。さらに，人口ピラミッドをみると（図3－3），1993〜2003年の65歳以上の形はほぼ変わらず，この年代が地区内に留まっているとみられるのに対して，65歳以下ではその形状を大きく変えている。当該地区における人口減少が，比較的若い年齢層が選択的に

表3－1　詳細調査地区における住民の居住形態

世代構成	居住分類	同居人数	構成							土地・建物所有		職業
										土地	建物	
一世代のみ	単身	1	◇(80歳代)							○	○	ビル管理業
		1	◇(80歳代)							×	×	－
		1	◇(70歳代)							×	登記なし	－
		1	◆(70歳代)							○	○	ビル管理業
		1	◇(60歳代)							○	○	商店経営
		1	◇(60歳代)							×	×	－
		1	◆(60歳代)							○	○	工具販売中継ぎ業経営
		1	◆(60歳代)							×	×	飲食店経営
		1	◇(20歳代)							×	×	－
	夫婦	2	◆(80歳代)	◇(80歳代)						○	○	ビル管理業
		2	◆(80歳代)	◇(70歳代)						×	×	会社経営
		2	◆(70歳代)	◇(70歳代)						○	○	青果業経営
		2	◆(70歳代)	◇(60歳代)						○	○	古典芸能
		2	◆(70歳代)	◇(60歳代)						○	○	ビル管理業
		2	◆(70歳代)	◇(70歳代)						×	×	画材店経営
		2	◆(70歳代)	◇(60歳代)						×	登記なし	－
		2	◆(60歳代)	◇(50歳代)						○	○	ビル管理業
		2	◆(60歳代)	◇(60歳代)						○	○	商店経営
		2	◆(40歳代)	◇(30歳代)						○	○	ビル管理業
	親族	2	◆(80歳代)	◇(70歳代)						○	○	商店経営
		2	◆(60歳代)	◇(50歳代)						○	○	ビル管理業
	夫婦と親族	3	◆(50歳代)	◇(50歳代)	◇(40歳代)					○	○	理容店経営
		3	◆(60歳代)	◇(50歳代)	◇(50歳代)					○	○	菓子パン小売業経営
他世代と同居	高齢の親と子	2	◇(80歳代)			◇(40歳代)				○	○	ビル管理業
		2	◇(80歳代)			◇(50歳代)				○	○	ビル管理業
		2	◇(70歳代)			◇(50歳代)				×	×	麻雀店経営
		2	◇(70歳代)			◇(30歳代)				○	○	ビル管理業
		2	◇(70歳代)			◆(50歳代)				○	登記なし	会社経営
	多世代	3	◇(90歳代)	◆(50歳代)	◇(50歳代)					×	×	理容店経営
		4	◇(80歳代)	◇(50歳代)		◆(30歳代)	◇(20歳代)			○	○	ビル管理業
		4	◇(70歳代)	◇(60歳代)		◆(40歳代)	◇(20歳代)			○	○	ビル管理業
		5	◇(50歳代)	◇(50歳代)		◆(20歳代)	◇(20歳代)	◆(10歳代)		○	○	ビル管理業・中継ぎ業経営
		5	◇(60歳代)	◆(50歳代)		◆(30歳代)	◇(30歳代)	◆(20歳代)		○	○	書店経営
		5	◆(90歳代)	◆(60歳代)	◆(60歳代)	◇(60歳代)	◇(30歳代)			○	○	印刷業経営
		7	◆(80歳代)	◆(50歳代)	◆(40歳代)	◇(40歳代)	◆(20歳代)	◆(10歳代)	◇(10歳代)	○	○	ビル管理業

（千代田区資料，土地・建物登記事項要約書，現地調査，聞き取り調査等より作成）

注）住民基本台帳（2002）に登録してある人数（146人）のうち，現地調査等により同
　　地区に居住していないもの（地区外より通勤する弁護士・店主など30人），ならびに
　　集合住宅の住民（34人）を除外した82人を対象とする。なお，ここでいう居住形態
　　とは，同じ住宅に住む世帯員を世帯構成により分類したものを指す。

地区外へ転出したことで起きたことがわかる。

（１）居住形態と不動産資産の所有状況

　まず，地区の住民像について確認しておこう。住民[5)]の居住形態[6)]ならびに土地・建物所有の状況を示したのが，表３－１である。ここでは世帯構成を，１世代のみか複数の世代が同居しているかにより２つにわけ，さらに１世代のみの世帯を，単身・夫婦・親族・夫婦と親族に分類した。それ以外の複数からなる世帯は，高齢の親と子ならびに多世代としてある。

　住民82人のうち60人は，65歳以上の高齢者層と50〜65歳未満の高齢者予備層である。１世代のみで構成される23戸のうち17戸は，60歳以上の世帯員のみで，これに60歳以上の親とその子からなる世帯を含めると，全35戸のうち22戸が60歳以上を中心とした世帯構成となる。また，世帯員の年齢からみて，将来的に世帯員数が極端に増えるとは考え難く，当面の間は高齢者もしくは高齢予備層を中心とした世帯が地区の多くを占めると推測できる。

　では就業の状況はどうであろう。35戸の内29戸は自営業で，定年がないがゆえにその多くは現役の就業者である。また，24戸は土地と建物を自己所有する，持ちビル内の自宅に居住している。地区には89棟の建物があるが，うち55棟が３階建て以上と中・高層化が進んでいる（図３－４）。この中には自宅として利用されるビルも多く，30戸は３階建て以上のビルに住んでおり，７階建て以上に住む世帯も９戸を数える。ここから詳細調査地区の住民像として，土地と建物を自己所有するビルに住み，自営業を営む経営者としての姿を描くことができる。

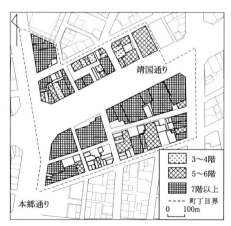

図３－４　詳細調査地区の建物階数

（現地調査より作成）

（2）オフィス需要と住宅のビル化

　住宅の急速なビル化は，地価高騰期におけるオフィス需要の高まりと，建物の老朽化にともなう住宅更新の時期が重なったことに一因がある。地区における更新前の建物の多くは戦災を免れた戦前からのもので，老朽化が進んだ木造の店舗兼住宅であった。図3－5には登記簿謄本の記載から，建物の更新時期が判明したものを示してある。これによれば，1975〜84年に建て替えられた住宅は3軒であるのに対し，1985〜1994年には12件と4倍を数えている。おそらく，当該地区において，1990年前後という時期はもともと建物の更新時期にあたっていたのだろう。折しもこの時期に，地価の上昇とオフィス需要の拡大が重なったことが[7]，建物の更新と高層化の動きに拍車をかけたと考えられる。

　もっとも詳細調査地区のオフィスは，弁護士や会計士などが事務所もしくはセカンドハウスとして使う小規模なものが主流であり，多くは事務所として設計されたものではなく，住宅としてあつらえられたものがオフィスとして利用されている。そのため，ビルの所有者はビル内の数階を住居として利用してい

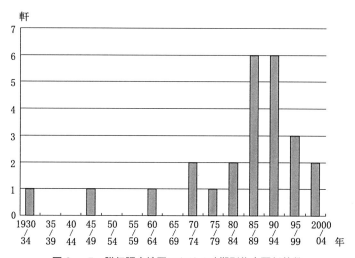

図3－5　詳細調査地区における時期別住宅更新件数

（土地・建物登記簿謄本より作成）

注）土地・建物登記簿謄本に記載があるもののみ。

ても，必要に応じて居室をオフィスへと転用することができる。それゆえ，借り子が現れれば住宅として使用しているフロアをオフィスとして貸し出し，高額の不動産収入を得ることができる。つまり，住民にとって自らが所有するビルの空間を，いかに資産として有効に運用できるかが重要になる。

　住宅を高層化し，延べ床面積を拡大すれば不動産収入の増加に繋がる。住民への聞き取りによれば，「銀行はいくらでも金を貸してくれたので，資金には困らなかった」という。このような背景から，多くの住民は住宅の更新にあたり，建物を高層化することを選択したと考えられる。

　住民の多くは，事業者として店舗やオフィスのあるビル内の住宅に居住している。そのため，高齢であっても管理人として地区内に就業者として住み続けることが可能になる。職業をビル管理業とするものが，35 戸中 13 戸と全体の約 4 割を占めることもこのことを裏付ける。つまり，ビル管理業の住民は，土地・建物を自己所有し，持ちビル内にオフィス兼住居を構えそこに管理人として住みながら，同時にその他の階を賃貸とすることで，家賃収入を得る。それが，この地区における典型的なビル管理業の経営形態である。

（3）経済的な合理性と転出

　袖井（2002）も指摘するように，この当時から多世代が同居する居住形態は減少していた。詳細調査地区においても，子世代は就職や結婚を機に離家する傾向が高かった。調査を行った 35 世帯のうち，子世代の所在地が確認できたものは 48 人で，このうち親世代とは別に居所を構える子世代は 29 人いた。彼らが親世代と別居したきっかけは，結婚が最多の 21 人で，就職が 2 人，不明が 6 人となっている。また，親世代と同居している 19 人のうち，就業している子世代の多くは会社員であり，印刷業や商品の中継ぎ業などの自営業を営む親世代とは異なる職種に就いていた。職業と居住が結びついていた親世代とは異なり，彼らは職住が分離していても就業に支障はない。

　なにより，子世代が親世代と別居する理由は経済的な側面からも理解できる。当時の詳細調査地区はオフィス需要の高い地区であり [8]，一時現住者住宅率 [9] も 36.3％と 23 区平均 2.1％と比べて高く，住宅として建てられた物件でも

オフィスとして利用されることが多かった（住宅・土地統計調査報告，1998）。

　背景にあるのは，高額な賃料である。住宅としては家賃があまりにも高額であるため，オフィスとして利用されることが珍しくはなかった。建物の所有者にとっては，住宅がオフィスとして利用されても，高額の家賃収入を得られることに変わりはない。実際，自分たちが住宅として利用していた居室をオフィスとして貸し出せば，その収益で地区外により条件のいい住宅を借りることができた。

　ビルを建設して住み続けている世帯を事例にみてみよう。80歳代のAさんは，長年住んでいた店舗兼住宅の老朽化を理由に，1990年代に7階建てのビルに建て替えた。40歳代の息子夫婦は文京区に転出しているため，AさんはビルのA最上階に一人で暮らしている。このビルはAさんが住む最上階のフロアを除いてオフィスもしくは店舗として利用されている。住宅として利用しているフロア以外は，Aさんが代表を務める資産管理を目的とした株式会社から，代理業者を通して第三者に貸し出される。同様に，1970年代に7階建てのビルを建設すると同時に，息子が杉並区に転出している80歳代のBさんや，1980年代に6階建てのビルを建て，娘（50歳代）とともに管理人として住んでいる80歳代のCさんも，それぞれビルの1フロアに住み，その他のフロアはオフィスもしくは店舗として貸すことで不動産収入を得ている。

　では，子世代が地区内に留まった場合とそうでない場合では，不動産収入にどの程度の差があるのだろうか。当時のデータからAさんの事例について試算してみたい[10]（図3-6）。商業地域である詳細調査地区は，大部分が建蔽率80%，容積率800%の指定を受けている。100㎡の敷地に建築面積80㎡の7階建てのビルを建てる場合を想定したい。ここでは単純化するために，建築面積に階数を掛け合わせたものを延べ面積としている。したがって，延べ面積は560㎡（169.7坪），1フロアあたり80㎡（24.2坪）となる。1991年時点での詳細調査地区におけるオフィス賃料を1坪あたり41,320円[11]，レンタブル比[12]を90%として計算すると，1フロアあたりの家賃収入は24.2 × 41,320 × 0.9 ＝ 899,950円となる。

　ここで子世代も持ちビル内の自宅に住むとなると，居住スペースとして2フロアが必要になる。そこで6・7階部分を住居とし，1～5階をオフィス・店

```
底地100㎡
┌──────────────┐
│              │
│  敷地面積80㎡  │
│              │
└──────────────┘
```

◇ 商業地域　建蔽率80%
　　　　　　容積率800%

◇ 7階建てとする

| 7 |
| 6 |
| 5 |
| 4 |
| 3 |
| 2 |
| 1 |

　　　　敷地面積　　　　80㎡　（24.2坪）
　　　　延べ面積　　　560㎡　（169.7坪）
　　　　1フロアあたり　80㎡　（24.2坪）

◇ レンタブル比　　90%

◇ オフィス賃料　41,320円（円/坪）（1991年）

　　1フロアあたりの不動産収入
　　　　24.2×0.9×41,320＝899,950円

［子世代が千代田区に住む場合］

7	住居
6	住居
5	オフィス
4	オフィス
3	オフィス
2	オフィス
1	店舗

◇ 6・7階を住居にする
　1〜5階をオフィス・店舗として貸す

（
5フロア
5×899,950＝4,499,750円

1ヶ月あたりの家賃収入　4,499,750円
）

1ヶ月の不動産収入　　約4,500,000円

［子世代が千代田区外（文京区）に住む場合］

7	住居
6	オフィス
5	オフィス
4	オフィス
3	オフィス
2	オフィス
1	店舗

◇ 7階を住居にする
　1〜6階をオフィス・店舗として貸す

（
6フロア
6×899,950＝5,399,700円

1ヶ月あたりの家賃収入　5,399,700円
）

◇ 文京区に千代田区と同程度の広さ（72㎡）の
　マンションを借りる

（
専用住宅の1ヶ月あたり家賃
＋管理費・共益費

1㎡あたり＝2,689円
2,689円×72㎡＝193,611円

1ヶ月あたりの家賃支出　193,611円
）

◇ 1ヶ月あたりの収入

（
オフィス・店舗家賃収入−マンション家賃支出
5,399,700-193,611＝5,206,089円
）

1ヶ月の不動産収入　　約5,200,000円

図３−６　子世代の居住地別不動産収入

（住宅・土地統計調査報告（1993），生駒商事株式会社（1991），ならびに現地調査より作成）

舗として賃貸とすると，1ヶ月あたりの家賃収入は5フロア分の5 × 899,950 = 4,499,750円となる。したがって，1ヶ月間に約4,500,000円の不動産収入が得られる計算となる。

　一方，子世代が地区外に転出した場合は，親世代が住む7階部分のみ住居となり，1～6階がオフィスや店舗として貸すことができる。1ヶ月間に6フロア分から得られる家賃収入は，6 × 899,950 = 5,399,700円である。ただし，子世代は地区外（ここでは文京区を居住地とした）に転出しているので，文京区にほぼ同面積（72㎡）の住宅を借りた場合の家賃193,611円を差し引くと，5,399,700 − 193,611 = 5,206,089円となる。すなわち，約5,200,000円が1ヶ月に得られる実質的な不動産収入になる。この試算によれば，子世代が持ちビル内の住宅をオフィスとして貸与し，地区外に住むことを選択すれば約700,000円の増収が見込めることになる。

　つまり，子世代の地区外転出は経済的に合理的な判断であったと考えられる。しかし，次節で触れるように，親世代は子世代が転出した後も，詳細調査地区内に住み続けている者も少なくなく，彼らが転出しないことを経済的理由のみで説明することは難しい。

4．居住環境と親世代の定住

　居住年数が長い親世代は，土地への愛着から定住意向が高いといわれる（松本，1993a）。詳細調査地区においても同様に，親世代は資産所有者としての経済的な最適行動を取らずに住み続けている者もいる。ここでは，当時の住民を取り巻いていた居住環境を外観するとともに，彼らの定住意向と住み続けの可能性について検討する。

（1）住民を取り巻く居住環境
　ここでいう居住環境とは，人々がある場所で生活をする上で必要とされる，自然的，物理的，社会的環境，を指して用いている。具体的には，医療施設・公的機関にくわえ，保育所・学校のような教育施設，さらに日常の生活を支え

る店舗などの分布や居所からのアクセスのしやすさもこれに関わる。

　では親世代の加齢後，つまり高齢者としての生活に視点を限定して論を進めよう。高齢者は多くの時間を自宅とその周辺で過ごしており，主な外出先は買物・通院・散歩に限られるという（松本，1993b）。そこで，まず彼らが地区内に住み続ける上で重要になるであろう医療施設と買物の状況を確認しておきたい。当時の千代田区は，最寄りの医療施設までの距離が250m 未満の住宅が全体の約８割（82%）と，23区の平均72% と比較してみても医療施設へのアクセスは良い状況にあった（住宅・土地統計調査報告，1998）。また，神田地区周辺だけでも，79 の病院や診療所があり（神田医師会，2004），当番医制度による夜間診療も行われているため，医療機関の不足はなく，緊急時の受け入れ先も確保されている。この点からみて，詳細調査地区における医療に対する充実度は高いと考えられる[13]。

　では，日常生活に必要な買物の状況はどうであろうか。肉・野菜・卵など頻繁な購入が求められる生鮮品を中心に検討してみたい。詳細調査地区は都心にあるため，地下鉄などの交通手段に恵まれているが，これらを日常の買い物に利用する者は少なく，調査を行った約７割の世帯は徒歩と自転車を主な交通手段として用いていた。なかでも，自転車の利用率は41％であり，自転車で行ける範囲に日常の買物が行える店舗がある様子が伺える。買い物に要する所要時間は，片道10 分以内が大半である（表3‒2）。このように，交通手段や所要時間の点からいえば，生鮮品の入手に特段の不都合はないように思える。しかし，生鮮品を購入する店舗に視点を移すと問題点もみえてくる。

　この地区における生鮮品の買い物において特徴的なのは，デパートの存在である。調査世帯の半数以上が，生鮮品を高島屋や三越などのデパートで購入している。こうした状況は近隣のスーパーマーケットの多くが小規模であり，店舗数や品揃えが限られることが関係すると考えられる。アンケートにおいて日常的に利用するスーパーマーケットとして名前があげられた店舗は，２軒あった。しかし，２軒はともに小規模であり置いてある商品の品数が限られているうえ，日曜と祝日が定休日であるため，平日に自営業を営む住民が生鮮品を購入するには不都合が生じていた。また，地価の高騰期に個人商店の店舗数は減

表3－2　詳細調査地区における住民の買い物状況

交通手段		片道所要時間		購入場所	
(単位:%) (N=30)		(単位:%) (N=30)		(単位:%) (N=30)	
徒歩	25.0	5分以内	16.7	デパート	53.3
自転車	40.6	5～10分以内	40.0	スーパーマーケット	36.7
地下鉄	18.8	10～15分以内	10.0	個人商店	6.7
自家用車	9.4	15～20分以内	6.7	生協共同購入	3.3
配達	3.1	20分以上	10.0		
不明	3.1	不明	13.3		

(聞き取り調査および現地調査より作成)

少しており，営業をつづけていた店舗の多くも営業時間が短く，日曜と祝日が定休日であるものがほとんどである。そのため，住民が日常の買物で満足がいく品物を購入するには，多少割高であっても品揃えの豊富なデパートで購入する機会が増えたものと考えられる。

　しかし，住民が心理的満足を得られる買物場所が，デパートに限定されることは，加齢にともなう身体の衰えから徒歩や自転車の運転が困難になった際に，納得がいく買物場所を失うことを意味する。高齢夫婦のみ世帯であるDさん宅の購買行動をみてみよう。調査時点において，Dさん（70歳代）は夫（70歳代）と2人暮らしである。かつてDさん宅が，6人家族であったときは，自転車で松坂屋や高島屋に買い物に行っていた。しかし，Dさん本人が身体的な問題から自転車に乗れなくなってからは，週に一度の割合で，徒歩で行ける近くのスーパーマーケットと魚屋で買物をしている。徒歩で持ち帰るには重すぎる米は，近くの米屋に配達してもらうほど大量には消費しないため，月に一～二度の割合で，自転車に乗れる夫がスーパーマーケットに行き，2kg入りのものを購入している。

　また，2人の孫と同居しているEさん宅の場合は，近くに商店が少なく，Eさん自身も91歳と高齢であるため，1人で遠くまで買物に行くことが難しい。そのため，1人での買物は日常的には行わず，買物は注文した品物がすべて自宅まで配達される生協の共同購入に頼っている。だが，生協への注文は自分では行わず，新宿区に住む娘が代行して行っていた。

　調査時点においてDさん夫婦は，片方が自転車での買物が可能であり健康

状態も良いため，差し迫った問題にはなっていなかった。しかし，最低限の物品の購入は可能であっても，購入場所が限定されるため，品揃えや価格の面で彼らの満足度は低下している。加えて，将来的には加齢にともなう身体的な障害や単身世帯になる可能性も考えられる。現状からみて彼らが日常の買物を自分たちで行うことが困難になれば，外出の機会が減り，E さん宅のように第三者によるサポートを受けざるをえなくなると予測される。

（2）住み続けの可能性

　当時，親世代の住み続けの意向は強かった。調査世帯の約 50% が「できる限りここに住み続け，ここに骨を埋めたい」と答えていることもこれを裏付ける。「ゆくゆくは娘や息子などの親族の所へ転出したい」，「ゆくゆくは介護サポートの得られる施設へ転出したい」と回答した世帯を含めると，67% の住民が現住地に住み続けることを希望していた。だが，先に見てきたように詳細調査地区にどの程度住み続けられるか否かは，子世代や行政等による日常生活のサポートが得られるかに関わってくる。

　まず，行政による高齢者のみ世帯への支援の考え方を確認しておきたい。当時の千代田区の福祉政策において，身体的なサポートと深く関わっていたのが，千代田区介護保険事業計画である。これを手がかりに読み解いてみたい。同計画によると，高齢者のみ世帯が多い地区では，日常生活の中で高齢者を支援していく地域の活動が重要であり，住民による見守り体制が必要であるとしている。つまり，高齢者に対するセイフティネットは，基本的に地域社会のヒューマンネットワークに依存していた実情が見て取れる。

　しかし，実質的なセイフティネットを担ってきた町内会などの組織自体も，地区人口の減少と住民の高齢化により，継続に困難が生じていた。詳細調査地区にある町内会を例に組織の存続維持について考えてみたい。同町内会は約50 世帯から町内会費を徴収しているが，大部分は企業とオフィスからであり，実際の居住世帯は 15 世帯のみ（全 26 人中 17 人が 60 歳以上）である。町内会の婦人部は 50 〜 70 歳代で構成されているが，全 10 名のうち 5 名は高齢のため活動ができない。また，青年部は，最年少の 57 歳を筆頭に 4 人で活動してい

るが，彼らも50〜60歳代であり活発に動ける人は限られていた。このように，町内会は構成員数が少ないうえに多くは高齢であり，実際に活動できるものは限られている現状があった。くわえて1人の人間が民生委員であり婦人部代表でもあるというように，複数の役職に就いて組織を動かしている状況である。町内会を維持するためには，新しい構成員の参加が不可欠であるが，それには地区内に子世代が留まるか，新たな住民が転入する必要がある。しかし，当時の状況では地区内の人口が増えるとは考え難く，組織そのものが代替わりできない状況であったので，地域社会によるサポートには限界が生じることは容易に推測できた。

　では，子世代によるサポートの可能性はどうであろうか。親世代と子世代の交流頻度や手段は，双方の居住地間距離によって異なることが指摘されており，接触方法や直接交流の距離的限界などに関してさまざまな見解が示されている[14]。ただし，空間的な距離が近ければ，親世代が子世代からサポートを受ける頻度が高まることは当時から指摘されていた。図3−7は，子世代と親世代，双方の居住地までの時間距離を示している。これによると，子世代の多くは千代田区外に住んでおり，21人[15]中15人は親世代の住居まで片道30分以上要する地区に居住している。親世代の多くは，日常生活に支障のない健康状態であるため，子世代によるサポートは電話や訪問による精神的なものが中心である。しかし，日常的なサポートを受けることはあまり期待できない

∘	30分以内	◯	60〜90分以内
◯	30〜60分以内	◯	90分以上
—	都道府県界	—	市区町村界

図3−7　子世代の居住地と移動に要する時間
(聞き取り調査より作成)

注）一つの◯が1人の子世代の転出先を表し，◯の大きさは子世代が親世代の住居を訪問するのに要する片道の時間を表す。

ため，親世代が身体的な問題を抱えるに至った際には，公的な福祉サービスの重要性が増すものと考えられる。

（3）新たな住民の転入と親世代の転出

　都心の高齢化は，若い世代の転出と住民の加齢によるところが大きい。新たな住民が転入すれば，地区の高齢化は抑制されるが，当時の千代田区における民間住宅[16)]の家賃は，平均で占有面積１㎡あたり月 4,000 円（14,000 円 / 坪）前後とオフィス並に高額であることが（千代田区・都市開発部, 1998），新たな住民の転入障壁のひとつとなっていた。土地や建物を所有していない者が，高額の家賃を負担してまで，生活を送るうえでの利便性に欠ける地区を居住地として選択するとは考えがたい。

　さらに，当時からすでに主な住民である高齢者も，地区外へ転出する例が見られた。F さん（60 歳代）は工具の中継ぎ業を営んできたが，息子夫婦が数年前に川崎市に家を新築したのを機に，妻が川崎市へと転出した。F さんは，平日は地区内に１人で暮らし，土・日曜に妻と息子夫婦の住む川崎市へ車で帰る生活を送っている。また，G さん（80 歳代）も，高層ビルの最上階に１人で暮らしていたが，足を痛めたのを契機に都内に住む息子夫婦の住居地へと移動している。数例とはいえ，親世代も地区外へ転出するケースが確認されている。加えて，高層化した当該地区では，住民間のコミュニケーションも減少していた。聞き取り調査によれば，住宅が高層化する前は顔を合わせることもあり挨拶等をしていたが，ビルになってからは接触する機会が減ったという。こうした事情からみて，親世代に身体的な不都合が生じた場合に，第三者によるサポートが期待できなければ，子世代の近隣や必要なサポートがうけられる施設へと転出する者が相次ぐ可能性がある。ひとたびオフィスとしての空間利用が主流となった地区では，地価の高騰が収束した後も以前のような空間利用へと戻ることはなく，居住地としての性質がいっそう希薄になった可能性がある。

5．地価の高騰がもたらしたもの

　本章では地価高騰が都心の高齢化に与えた影響を，2000年当時の土地資産の利用と居住環境から読み解いた。都心の高齢化は，土地資産の利用に関する住民の合理的な選択と，広範な空間利用の変化により生じた居住環境上のさまざまな制約が結びつき，構造的に生じている現象であると考えられる。当時の状況では，主たる住民である親世代までもが地区外へ転出すれば，山間地でみられる過疎地のように，定住人口が希薄なエリアが都心に出現する可能性があった。

　その後の全国的な住宅需要の低下や建築技術の向上によって，都心やインナーエリアにも郊外と同等の価格帯で住宅が供給されている。これにより，かつて人口が減少していた地区にも人が戻りつつある。しかし，著しい地価高騰の影響から，オフィスとしての空間利用が卓越するようになった地区に限ってみれば，地区を取り巻く状況はそう大きくは変わっていない。むしろいっそうの高層化が進み，オフィスとしての性質を強めているようにもみえる。土地や空間の利用が大きく変化した地区が，住宅地や商業地など以前の性質を取り戻すかどうかは地区によって異なるが，ひとたび高層化しビルが建ち並ぶ景観に変貌した都心が，居住空間としての性質を取り戻す可能性はそう高くはないと思われる。

　結局のところ，地価の高騰とその後の下落は，次のようなメカニズムで都心に高齢化と人口減少をもたらした。もともと人口が減少していたところに地価の高騰が起きたことで，不動産資産を有する者の経済的な選択肢が増えた。経済的な合理性から，親世代は地区内に残ったが子世代を含め若い世代は地区外へ転出する。このことが，地区における高齢化と人口減少に拍車を掛けることになった。利用者が減少したことで，商店などは経営が立ち行かなくなる，もしくはより良い立地を求めて積極的に地区外へと移転していった。これにより，都心の生活基盤が不十分なものとなり，残る住民の生活にも不都合を生じさせ，新たな住民の獲得も困難にする一因となっていた。こうした高齢化と人口減少のプロセスは，過疎化が進む山間部でみられた過程とも通じるところがあり，当時からすでに都市にあっても一部では，高齢化と過疎化が進行していた可能性がある。

【注】

1）都心地区を規定する要因はさまざまであるが，ここでは基礎的な人口現象を指標とした山本（1977）の定義に従い，都心は常住人口（夜間人口）の減少と流入人口（昼間人口）の増大を特徴とする地区とする。また，同地区の範囲は，都心３区（千代田区・港区・中央区）から東京都23区全域を都心とするものまでさまざまであるが，本章では都心３区を含む範囲を都心とした。

2）東京都区部の地域構造に関する見解はさまざまであるが，本章では高橋（1992）の見解に従い，千代田・中央・港区を都心地区とし，新宿・文京・台東・墨田・江東・渋谷・豊島・荒川・中野・目黒・品川区をインナーエリアとした。

3）日端（1990）によれば，強い市場メカニズムが作用し効率性のみによって決定された土地利用の形態とされ，その最たるものがオフィスだとされる。

4）法務局の登記簿謄本の電算化により，廃止となった登記簿の閲覧のかわりに発行される登記事項要約書で，土地・建物の所有者などが記載されているものを使用した。

5）神田小川町一丁目は，146人が千代田区（2002年４月）に登録されている。しかし，現実には，弁護士や事務所経営者ならびに商店店主など地区外から通勤している者がいる。ここでは同地区に実際には居住していない30人と集合住宅に住む34人を除外した82人を対象とした。

6）ここでは同じ住宅に住む者を，世帯構成により分類したものを指す。

7）1988年の詳細調査地区のオフィスビルにおける入居率は99.2％であり，それ以後も99.4％（1989年），98.8％（1991年）と高いものであった。数値は生駒商事株式会社（1988，1989，1991）による。

8）生駒商事株式会社（1988，1989，1991）によれば，神田小川町・神田神保町にあるオフィスの入居率は98.8％と高く，都心のオフィス需要は依然として高いと分析されている。

9）一時現住者住宅率とは，総住宅数に占める一時現住者のみ住宅の割合である。なお，一時現住者のみ住宅とは「昼間だけ使用しているとか，何人かの人が交代で寝泊まりしているなど，そこにふだん居住している者が一人もいない住宅」を指す（住宅・土地統計調査報告，1998）。

10）個人が特定されることを避けるため，建物階数と敷地面積は変更してある。

11）オフィス賃料は神田神保町・神田小川町で調査対象となったオフィスの平均賃料である（生駒商事株式会社，1991）。

12）レンタブル比とは，延べ面積に対するエレベーターや共有スペースを除いた賃貸可能な面積のことであり，部屋の部分／延べ面積として計算される。一般には70～90％で計算される。

13）千代田区に永住する理由の５番目に「病院など各種の公共施設が整っているから」と挙げられていることも，この見解を裏付ける（千代田区企画部広報課公聴相談係，2001）。

14）親子関係と距離に関する研究として，Lin（1995），Smith（1998）や田原・荒井（1999）などがある。

15) 親世代と同居していない子世代は 29 人であったが，このうち居住地が特定できた 21 人を対象としている。
16) 住宅として造られた物件であっても，オフィスと住宅の両方の用途に使うことが可能であるため，賃料はオフィス並みに高額となる場合が多い。

参考文献

生駒商事株式会社 1988．『IDSS OFFICE MARKET REPORT』生駒商事株式会社.
生駒商事株式会社 1989．『IDSS OFFICE MARKET REPORT』生駒商事株式会社.
生駒商事株式会社 1991．『IDSS OFFICE MARKET REPORT』生駒商事株式会社.
香川貴志 1990．金沢市における人口の量的変化と高齢化．東北地理　42：89-104.
香川貴志 2000．都心周辺部における住宅立地―バンクーバー市ウェストエンド地区の事例―．季刊地理学　52：35-47.
神田医師会 2004．医院病院探し　http：//www31.ocn.ne.jp/~kandamed/index.html
斎野岳廊 1989．名古屋市における人口高齢化の地域的パターンとその考察．東北地理　41：110-119.
斎野岳廊 1990．札幌市における人口高齢化の地域的考察．東北地理　42：105-110.
袖井孝子 2002．『日本の住まい　変わる家族―居住福祉から居住文化へ―』ミネルヴァ書房.
高橋勇悦 1992．東京のインナーシティ問題．高橋勇悦編『大都市社会のリストラクチャリング―東京のインナーシティ問題』日本評論社.
高山正樹 1983．大阪都市圏の高齢化に関する若干の考察．経済地理学年報　29：182-203.
田原裕子・荒井良雄 1999．農山村地域における老親子関係と空間的距離．老年社会科学　21：26-38.
千代田区企画部広報課公聴相談係 2001．『第 28 回千代田区民世論調査』千代田区.
千代田区・都市開発部 1998．『今後の住宅政策に関する調査（都心の住宅市場に関するインタビュー調査）（都心の住まいに関するアンケート調査)』千代田区.
長沼佐枝 2003．インナーエリア地区における住宅更新と人口高齢化に関する一考察―東京都荒川区を事例に―．地理学評論　76：522-536.
中林一樹 1990．東京の地価と都市構造の変化．石田頼房編『大都市の土地問題と政策』日本評論社.
野口悠紀雄 1989．『土地の経済学』日本経済新聞社.
日端康雄 1990．地価高騰と都心居住．都市問題　81：39-52.
松本暢子 1993a．住まいと高齢者．秋山哲男編『高齢者の住まいと交通』日本評論社.
松本暢子 1993b．高齢者の暮しとまちづくり．秋山哲男編『高齢者の住まいと交通』日本評論社.
松本暢子・大江守之 1995．都心居住高齢者とその家族の居住継承に関する研究―墨田区東

向島地域におけるケーススタディー. 日本都市計画学会学術研究論文集　30：73-78.

山本　登 1977. 都心地区における過疎現象と行政上の諸問題. 都市問題研究　29：2-26,

Graff, O. and Wiseman, F. 1978. Changing Concentrations of Older Americans, *The Geographical Review*, 68: 379-393.

Lin, J. 1995. Changing Kinship Structure and its Implication for Old-age Support in Urban and Rural China, *Population studies*, 49: 127-145.

Morrill, R. 1994. Age-specific Migration and Regional Diversity. *Environment and Planning A*, 26: 1699-1710.

Smith, G. 1998. Residential Separation and Patterns of Interaction between Elderly Parents and their Adult Children. *Progress in Human Geography*, 22: 368-384.

─── 第4章 ───

なぜ郊外の高齢化は避けられないのか
―拡大団塊の世代と郊外の行方―

1. はじめに

　いかにして，これほどまでに巨大な郊外が形成されたのか。郊外の高齢化と人口減少を考えるには，世界の都市の中でも最大規模の都市圏を持つとされる，東京大都市圏の郊外が形成されたプロセスを明らかにする必要がある。この地域に多くの住宅地が造成されたのは，拡大団塊の世代の持家需要の高さによるところが大きい。まず，莫大な住宅需要を引き起こした地方から大都市への人口移動について確認しておこう。

（1）拡大団塊の世代と郊外
1）誰がどこから―人口転換と大都市への人口流入―
　都市には多くの人が集まる。進学・就職・転職・結婚など理由はさまざまであり，景気や社会情勢の影響を受けて，移動量は上下する。東京に関していえば，江戸時代後半以降は概ね転入超過であった。なかでも1960～70年代前半の地方からの流入は特筆すべきものがある。図4－1は，3大都市圏への人口移動数を，転入元（3大都市圏かそれ以外か）の違いにより描き分けたものである。これによると，1970年以降の大都市圏から大都市圏への移動は，一定数で推移しているが，非大都市圏（ここでは地方と読み替えても良いだろう）から大都市圏への移動量は，1960～70年代に大きく増加していたことがわかる。この時期の非大都市圏から大都市圏への流入量は，他の期間と比べて圧倒的であった。

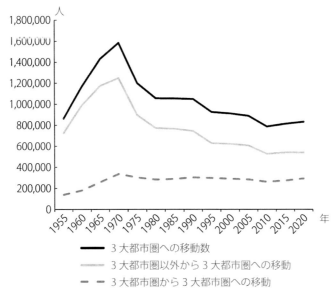

図４−１　３大都市圏への移動者数の変化

（住民基本台帳移動データより作成）

注）住民基本台帳データに従い，東京圏（東京都・神奈川県・千葉県），名古屋圏（愛
　　知県・岐阜県・三重県），大阪圏（大阪府・兵庫県・奈良県）を３大都市圏としている。

　なぜ，地方はこれほどまでに巨大な人口の供給元になることができたのか。
これを読み解くには，日本が明治期以降に経験した人口転換に注目する必要
がある（岡崎，1987）。日本における人口のトレンドは，明治初期まで続いた
多産多死型から，1930 年頃の多産少子型を経て，1955 年頃には少産少死型へ
と移行している。自然増加率でみると，1947 〜 49 年のベビーブームをピーク
として，1955 年頃にはすでに「少産少死型」へと移行を遂げている（舘ほか，
1970）。

　日本において，明治初頭から第二次世界大戦後のベビーブームまで自然増加
率が上がり続けたのは，乳児死亡率の低下によるところが大きい（図４− 2）。
数値でみると，江戸時代後期から 1920 年頃までは出生 1,000 人に対して約 170
人を数える高い乳児死亡率が続いていたが，1920 年頃を境として低下し始め，

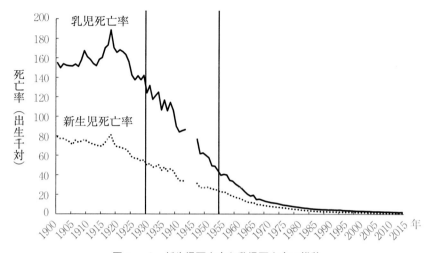

図4－2　新生児死亡率と乳児死亡率の推移

（人口動態統計より作成）

1970 年頃には 20 人を下回り，1990 年には 10 人以下を記録する。その後も値は下がり続け，2000 年代に入ってからは 5 人を下回るようになる。

　医療の進歩や栄養状態の改善，なにより公衆衛生の普及により，生まれた子供が大人になれる確率が上がると，出生数が低下し始める。合計特殊出生率の推移を示した図4－3を見ながら話を進めたい。速水（1992）によれば，江戸時代後期から明治期初期の合計特殊出生率は 4 ～ 8 人であった。この傾向は乳児死亡率が低下し始める 1920 年以降もしばらくは続き，1950 年代までは低下傾向をみせつつも高い水準を維持している。つまり 1950 年代までは，1 人の女性が 4 人近い子供を産んでいた。その後同値は下がり始め，1960 年代以降は 2 前後でしばらく推移したが，やがて 1.4 前後まで低下していく。

　乳児死亡率が高かった時代には，1 人の女性が 4 人の子供を産んでも成人に達することができたのは 2 人か 3 人であった。しかし，同率が低下すれば成人に達する子供の数も増加する。子供が労働力であった時代とは異なり，子供を育てることに少なからぬ経済的な負担や時間を費やす時代になると，人々は子供の数を控える行動を取るようになった。

　とはいえ，どうやら生まれた子供が大人になれる確率は高いようだ，という

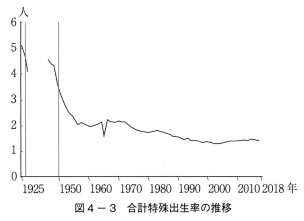

図４－３　合計特殊出生率の推移

（国立社会保障・人口問題研究所『人口問題研究』より作成）

認識が人々の間に定着するまでには，ある程度の時間が必要であった。つまり，乳児死亡率の低下と出生率の低下の間にタイムラグが発生したのである。すなわち，乳児死亡率が低下しているにもかかわらず，出生率が高いままに維持される多産少子の期間が約20年続く。この時期に生まれたのが，いわゆるベビーブーム世代を含む，1930～40年代生まれコーホートの拡大団塊の世代である。

　彼らの特徴は人口ボリュームの大きさにある。阿藤（2000）によれば，1890年代に生まれた子供で20歳に達することができたのは，５人のうち２人か３人であったが，1930年代に生まれた子供は５人のうち3.7人は20歳に達することができたという。そのため，1930～40年代に生まれた拡大団塊の世代はとにかく兄弟の数が多く，日本の総人口を押し上げた巨大なボリューム集団となった。この世代は他世代に比べて圧倒的に大きな人口規模を持つがゆえに，彼らの進学・就職・転職・結婚のようなライフイベントと，それにともなう移動が都市空間に多大な影響を及ぼしていく。

　なぜ地方における急速な人口増加が，都市への大規模な人口流入に結びつくのか。その答えの一端は当時の産業構造の地域差にある。拡大団塊の世代に属する者の多くは，長子とその配偶者候補を除けば，地方にとっての余剰な人口であり，伊藤（1984）がいうところの潜在的他出者であった。当時，一次産業が主流であった地方では，彼らを養うだけの経済基盤が確立されていなかっ

た。一方，都市では二次産業が発展しており工場等で働く安価な労働力が必要とされていた。労働力を欲していた都市と人が余っていた地方の需給関係が一致したことで，若かりし拡大団塊の世代の多くは，地方から都市へと移動し，高度経済成長を支える立役者となっていく。つまり，1960〜70年代前半にかけて起こった地方から都市への大規模な人口移動を可能にしたのは，産業構造の変化と拡大団塊の世代の人口規模の大きさにあったとみてよいだろう。さらに，ベビーブーム世代を含む1940年代後半生まれコーホートよりも，1940年代前半コーホートのほうが大都市圏への移動傾向が強かったと指摘する論考があることを考慮すれば（大江, 1995），高度成長期にみられた都市への流入人口における拡大団塊の世代の寄与は，相当に大きかったと考えられる。それゆえ，東京大都市圏の人口増加を論じる際には，彼らの動向に注目せざるを得ない視点が生じる。

2）拡大団塊の世代とマイホーム

　では，拡大団塊の世代が都市に流入したことが，郊外地域の拡大とどう結びつくのか。そこには，住宅をめぐる悲喜こもごもが関係している。1960〜70年代前半にみられた地方から都市への大規模な人口移動は，都市の人口を短期間に増大させたことで，さまざまな問題を引き起こした（岡崎, 1987）。とりわけ深刻であったのが，持家住宅の不足である。すでに飽和状態であったインナーエリアの既成住宅地だけでは，地方に戻ることなく定着した拡大団塊の世代の持家需要を引き受けることは難しかった。そもそも余剰な人口として地方から送り出された彼らには，継ぐべき家を持たない者も多かったうえ，彼らが「いざマイホームを手に入れん！」とする時期も重なった。ここに，莫大な住宅需要の基盤が形成された。

　彼らの人口ボリュームは非常に大きく，そこから生み出された住宅需要も巨大であった。この時期の住宅需要は全国的に上がっていたが，都市においてはより深刻であった。都市で生まれた拡大団塊の世代による需要に加えて，地方から転入し定着した者の需要が折り重なったことで，都市における住宅需要は想像を絶していた。都市が未曾有の住宅不足に見舞われたことは想像にかたくない。

　住宅不足は当時の都市問題の中でもとりわけ深刻であり，政府にとっても喫緊の課題であった。新たな住宅地を造成する必要に迫られた政府は，1955 年に日本住宅公団（1981 年に住宅・都市整備公団となり，その後 1999 年に都市基盤整備公団に引き継がれ，2004 年より都市再生機構になる）を設立し，同機関が主導する形で大規模な住宅団地が次々に誕生していった。

　インナーエリアが飽和状態にあった当時の都市において，新たな住宅を造成する空間的な余地があったのは，開発の手を免れていたインナーエリアの縁や郊外であった。まずインナーエリアに残された土地やその時点における都市の外縁部に新たな住宅地が造成された。しかし，住宅需要は依然として高いままであり続け，住宅用地は不足し地価は上昇し続けた。1980 年代になると，もはやインナーエリアに用地を獲得することは，面積のみならず採算の面からも相当に困難なものとなった。そうした折に目をつけられたのが，田畑や丘陵が広がり空間的に拡大の余地があった郊外であった。

　その郊外にあっても，条件の良い住宅地としての適地はすぐに開発され尽くした。開発業者は既成市街地から外れ田畑が広がる地区に，浮島のように住宅地を造成し，住宅地に向かないとされる傾斜地や低湿地にも住宅を建てた。ついには，痛勤と揶揄されるほどの遠距離通勤を余儀なくされる超郊外や遠郊外と呼ばれる地区にまで，住宅地を造らざるを得ない状況となった。それほどまでに住宅が足りず，また造れば売れた時代であった。

　こうした地区に造成されたのが，住宅団地（ニュータウン）と呼ばれる新しい形の住宅地である。日本の住宅団地は，ハワードが提唱した田園都市のコンセプトが下敷きにされていたが，雇用場所の確保や地区の自治を前提にしているイギリスのニュータウンとは異なり，目の前にある大量の住宅需要を満たすことが第一義的な目的とされていた。それゆえ，郊外の住宅団地はベッドタウンとしての性格に特化し，都心と経済的に不可分の関係を持つことでしか成立しえなかった。これにより，遠距離通勤を前提とした生活空間と就業空間の分離が進んでいった。

　郊外は生活と消費の空間としての発展を遂げることになる。自家用車を前提とした生活はロードサイド型の店舗の発展を促し，年齢や職業などが似通った

コミュニティが形成されるなど，日本がそれまでに経験したことのない居住形態が作り上げられた（小田，1998）。こうした郊外の住宅地に入居した住民の大部分は，住宅取得年齢に達した地方出身者であった（江崎，2002）。

地方から都市へと転入した地方出身者の多くは，まず寮やインナーエリアの木賃アパートに住んだが，こうしたアパートは低廉で過密に建て詰まって建てられたため，住宅地としては低質であった。そうした環境で生活していた彼らが，住宅を取得するにあたり条件が良い住宅地を求めたのは自然なことである。しかし，当時の住宅の供給状況では，彼らの住環境に対する要求を満たし，なおかつ彼らが経済的に取得可能な住宅は郊外にしかなかった。マイホームを求めて，彼らはインナーエリアから郊外へと向かったのである。

こうした一連の住宅取得をめぐる拡大団塊の世代の取捨選択が，インナーエリアの人口を減じさせ郊外の人口を増加させる，いわゆるドーナツ化現象へと繋がっていく。以上のことを勘案すると，郊外に住む住民の多くはマイホームを獲得した拡大団塊の世代が多いのではないかという，論理的な推察が成り立つ。

3）拡大団塊の世代の加齢と郊外の高齢化

2章でみた高齢化の地図によれば，2005年時点において郊外地域は，都市の中でも高齢化が抑制されたエリアであった。しかし，その後の予測値を示した地図では，郊外は都市の中でも高齢化が進むエリアへと変わっていた。なぜそうしたことが起こるのかを説明した上で，郊外における高齢化の特徴や将来起こると想定される事態について考えてみたい。

郊外は住民のライフコースと重なる形で，成長してきた空間といえる。しかし，高度経済成長を支えた立役者であった拡大団塊の世代も，現役世代の終わりを迎えつつある（荒井ほか，2002）。高齢化が進んでいる地区もあるが，概ね郊外の高齢化は抑制傾向にある。理由の1つには，鉄道路線沿いなどに新しく供給された郊外住宅地に，比較的若い年齢層の住民が入居していること，また住宅団地は同じ年齢層の住民がまとまって入居する傾向があり，年月が経過した住宅団地であっても，住民の年齢が65歳に達していないことなどが考えられる。した

がって，郊外における高齢化と人口減少について議論するには，現在のデータの
みを基にした分析には限界があることを理解しておく必要がある。こうした問題
に対処するため，前出の将来人口推計より得られたデータを必要に応じて用いる
ことにする。

　さて，ここで分譲が終了し，子世代が転出している住宅団地を想定してみる。
こうした地区では，新たな住民が転入してこない限り，住民の加齢と共に高齢化
率が上がり，いずれ人口が減少する。大局的には同じことが郊外で起こると考え
ると理解しやすい。そもそも，全国的に高齢化が進んでいるわけであるから，郊
外において高齢化が進むこと自体に特段の驚きはない。ただし，郊外が持つ地域
的な特性から懸念される事態がある。それは，高齢化のスピードと絶対数の大き
さである。

　郊外では，特定の年齢層に属する人口数が大きいと考えられるがゆえに，年齢
構成のバラエティに富むインナーエリアと比して，高齢化が進むことにより起こ
る状況がより深刻になる可能性がある。もちろん，郊外に新たな住民がそれなり
の規模で転入してくれれば，こうした問題は緩和される。しかし，全国的に
人口減少が進んでいること，さらに地方の若者の地元志向が高まっていること
からみて，地方から大都市へと移動する若者の数がそう増えるとは考えがたい
（石井ほか，2017）。なにより拡大団塊の世代のような集団が将来的に現れると
は想定しがたく，1960 ～ 70 年代前半のような規模で地方から都市への移動が
起こることはまずないだろう。

　その理由は明白で，地方にも余剰な人口はないからである。1955 年頃に少産
少死型へと移行したのち，しばらく安定していた合計特殊出生率は 1970 年代中
頃から再び低下の一途を辿り，2000 年以降は 1.4 を下回って推移しており，この
傾向は今後も大きくは変わらないと予想される。もはやどこにも潜在的他出者は
おらず，地方から都市へと供給されてきた若い余剰人口も存在しない。もちろん
進学や就職などを契機として，一定数の若者は地方から転出している。しかし，
彼らの着地は多様化している。若者の転出先は地元に足場を置いた範囲へと狭ま
りつつあるし，そもそも地元を出ない若者も少なくない（轡田，2017）。

　もちろん都市に転入し定着する若者もいるし，都市出身の若者も増加してい

る。しかし，彼らが通勤に２時間近くを要するような，郊外住宅地に好んで住むだろうか。近年は都心に近い地区や鉄道路線の直近などに新たな住宅が供給されている。なにより，若者に選択される住宅地のトレンドが変わってきている。郊外以外の選択肢がなかった拡大団塊の世代とは異なり，彼らは住むところを選べるし，そうした彼らの指向に沿った住宅も市場に供給されている。

　つまり，これまで郊外の人口を支えていた地方からの転入者が，今後も都市に供給される可能性は相当に低いうえ，いたとしても彼らが条件のよくない郊外住宅地を選ぶとは考えがたいのである。拡大団塊の世代がマイホームを購入した郊外住宅地の中には，都心への通勤を前提とした場合に相当に遠距離にあるものや生活する上での利便性に乏しい，いわば住宅地としての競争力に乏しいものも少なくない。こうした地区では新たな住民を獲得することは難しく，現在の偏った年齢構成が継続される可能性がある。したがって，すべてではないが条件が芳しくない郊外住宅地では，高齢化が避けられないだろう。少なくとも数十年先を視野に入れたならば，郊外における高齢化と人口減少，ならびにそこから派生する空家やインフラの維持管理，福祉サービスや財政問題などへの対応は，今後の都市空間のあり方を考える上で喫緊の課題のひとつになると考えられる。

（2）どこが高齢化するのか

　郊外地域において高齢化が避けられないことは，構造上明らかであるが，郊外全体が一様に高齢化するわけではない。高齢化の進み具合には地域差がある。大雑把にいえば，高齢化が早くに進む地区と，高齢化が抑制される地区に分かれる。そこで，将来人口推計を用いて郊外における高齢化の地域差について検討しておきたい。

1）都心地区ならびに路線からの距離による分析

　どこが高齢化するのかと問われたときに，まず思いつくのが都心からの距離ではないだろうか。都心からの距離帯別に高齢化の程度を示した図４－４から，この点について考えてみたい。同図には，都心から郊外方向に向かって10km

ごとに区分し，それぞれのゾーンに内包されるメッシュ（1 kmの□のこと）を集計して，高齢化率の平均を算出して示した。なお，2005 年は実数であるが，それ以外は推計値となる。

　2005 年の値を追うと，0 ～ 10km 帯の都心に近いエリアの高齢化率が最も高く，他の距離帯よりも高齢化が進んでいるのがわかる。対して，10km 以遠になると距離帯の違いによる高齢化率の差はそれほど顕著ではない。つまり，この時点では都市の内側で高齢化が進み，外側では高齢化が抑制されていたことがわかる。しかし，2010 年，2020 年，2030 年と年代が進むにつれて，0 ～ 10km 帯の高齢化率が抑え気味になるのに対して，10 ～ 20km 帯，20 ～ 30km 帯，30 ～ 40km 帯，40 ～ 50km 帯と都市の外縁方向に向かうにつれて高齢化率が上がってくる。つまり，2005 年とは真逆に，都市の内側では高齢化が抑制され，外側では高齢化が進むと予測される。

　全国的に高齢化と人口減少傾向にあるので，どの距離帯にあっても時間の経過により高齢化率は上がる。しかし，都心に近い 0 ～ 10km 帯と郊外に位置する 30km 以上のエリアを比較すると，数値の上がり方に違いがあり，後者のほ

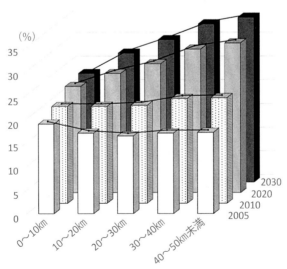

図4－4　都心からの距離帯別にみた高齢化率の変化

（国勢調査より作成）

うがそのスピードが速いことがわかる。具体的な数値でみると，0〜10km帯の高齢化率は18.8〜22.9%（2005〜30年）と4ポイント程度の伸びであるが，30〜40km帯では17.0〜33.2%，40〜50km帯では17.1〜34.7%と，値が2倍近くに上昇する。郊外に着目すれば，いずれ都心よりも高齢化が進むだけでなく，そのスピードも急速である可能性が高いことがわかる。

　都心からの距離以外に，高齢化率を変動させる条件には何があるだろうか。ある地区における高齢化率を考えると，地区において人口の再生産がなされるか，転出した人口を補う数の住民が転入していれば，地区人口に占める65歳以上人口の割合が下がるので高齢化率は抑制される。では，新たな住民を獲得できるのはどのような特徴を持つ地区か。さまざまな見方があるだろうが，都市に限っていえば住宅地としての競争力の高低が関係している。住宅地としての競争力，言い換えれば，居住地として積極的に住宅需要者に選択される，もしくは住みたいと思わせる魅力がある地区である。こうした地区では，人口が維持されるので高齢化が抑制される可能性が高い。もちろん，競争力が高い住宅地に求められる条件は，社会状況や時代によって変わる。ここでは，賃貸・所有を含めて住宅需要者が，居住地を選択する際に重視すると考えられる条件として，通勤や通学，日常生活での利便性と関わる最寄り駅から自宅までの距離を取り上げて考えてみたい。

　図4−5は，鉄道路線からの距離帯別にみた，高齢化率の変化を示してある。ここでは都心から30〜50km帯を郊外に相当すると仮定し，鉄道路線から0.5km未満，0.5〜1km未満，1〜2km未満，2〜3km未満，3〜4km未満，4km以上に区分して示した。

　これによると，2020年までは高齢化率に大きな差は見られないが，それ以降になると鉄道路線から離れるにつれて，高齢化率が上昇している。ただし2km以遠になると，高齢化の程度に大きな差はみられない。

　鉄道路線から一定以上の距離にある地区の数値に違いがみられないのは，最寄り駅までの移動に用いる交通手段と関係が深いと考えられる。具体例を用いて検討してみたい。鉄道路線から2kmの地点に自宅があると仮定して，駅までの所要時間を算出してみる。まず徒歩の場合は，不動産広告で定められる徒

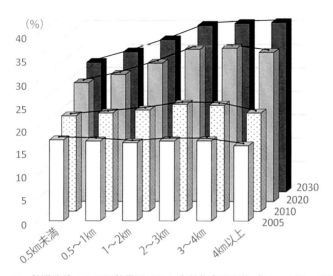

図４－５　鉄道路線からの距離帯別にみた高齢化率の変化（30 〜 50km 帯）

（国勢調査より作成）

歩所要時間（80 mを１分）で計算すると，所要時間は約 25 分である。自転車を用いて一般的に見積もられる所要時間（200mを１分）で計算すると，所要時間は約 10 分となる。これには信号や高低差は加味されていないので，現実的には徒歩で 30 分，自転車で 15 分程度と考えられる。おそらく，これが徒歩や自転車を利用した日常的な移動距離の限界なのだろう。これを越える距離帯に自宅がある場合は，バスや自家用車等の交通手段を利用することになるので，高齢化率に距離帯による条件の違いが生じなかったと考えられる。したがって，鉄道を利用した通勤を前提とすれば，最寄り駅までの移動を徒歩や自転車で行う距離帯では，鉄道路線から遠くなるにつれて高齢化率が上がるとみてよい。以上から，都心からの距離が遠くなるほど，また駅から遠い地区ほど将来的に高齢化が進み，そのスピードは加速する可能性が高いことが指摘できる。

２）高齢化のパターン

　郊外地域における高齢化と人口減少には，地区が持つ条件の違いによって地域差が生じる。この地域差を俯瞰的な視点から眺めるとどのように見えるだろ

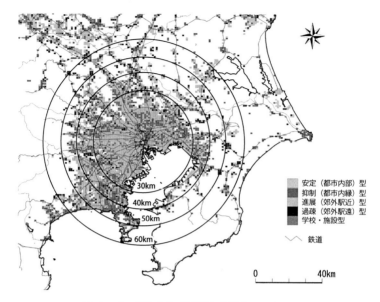

図4-6　都心からの距離と高齢化のパターン

(国勢調査より作成)

うか。先に行った将来人口推計から高齢化の進み方には，いくつかのパターン
があることがわかっている。これを利用して地図化したものが図4-6である。
同図には5つの類型と，東京駅を基点とする同心円を表示している。郊外を距
離帯のみにて区分することは困難であるが，それでも30km以遠にある地区に，
③進展（郊外駅近）型と④過疎（郊外駅遠）型が多く分布していることが確認で
きる。とりわけ40kmを越えると，③進展（郊外駅近）型の外側に④過疎（郊外
駅遠）型が点在するようになる。したがって，郊外には③進展（郊外駅近）型と
④過疎（郊外駅遠）型が，インナーエリアよりも顕著に分布するとみなしても
良いだろう。

　もちろん，郊外には他の類型もある。30～40kmの鉄道路線に接する地区
では，高齢化と人口減少が抑制されると予測される①安定（都市内部）型が分
布している。この距離帯においては，鉄道路線から離れるほどに③進展（郊外
駅近）型と④過疎（郊外駅遠）型が目立つようになり，駅から離れるほどに高齢
化と人口減少が進む地区が増加すると予測される。しかし，そうした距離帯に

あっても駅の直近であれば，高齢化と人口減少が抑制される可能性が高いことを示している。

　では，駅の直近であれば高齢化と人口減少の懸念がないのか，といえばそうとも言い切れない。都心への通勤が前提条件となるが，通勤時間という物理的な壁がある。通勤時間が短い地区と長い地区を選択できるのであれば，住宅需要者の多くが前者を居住地とするのではないだろうか。図においても，40kmを越えると鉄道路線に隣接する地区であっても，③進展（郊外駅近）型と④過疎（郊外駅遠）型が目立つようになる。この2類型は新たに造成された住宅地，つまり住宅団地である可能性が高く，2つのピークを有する人口ピラミッドの形状から，住民の入れ替わりが起こり難い特徴がある。そのため，新たな住民の獲得や若者の転出を食い止めることができなければ，現状と同レベルで人口を維持することは難しいと考えられる。

2．拡大団塊の世代と高齢化

（1）高齢化と人口減少を抑制するのは誰か

　郊外地域の高齢化と人口の減少は構造的に避けられないが，その程度には地域差があること，また住宅地としての競争力が地域差に関係している可能性が高いことがわかっている。

　郊外に造成された住宅団地の人口ピラミッドは，多くが親世代と子世代にピークを持つ形となる。郊外に住む若者の多くは，そこで生まれ育ったピラミッドの左側を構成する子世代である。新たな住民の転入が見込めない郊外住宅地において，人口維持の如何を考えるには，若者である彼らの動向を探る視点が必要になる。

　そこで，次の点を明らかにすることを目的に論を進めたい。まず郊外においても，都心と同様のメカニズムで高齢化と人口減少が進むのかという点を検討する。都心では子世代の転出が地区の高齢化と人口減少を推し進めていた。その背景には，地価の高騰という当時の社会状況があった。郊外においても同様のメカニズムが働くのだとすれば，何がその背景にあるのかを探ってみたい。

　郊外に拡大団塊の世代が集まっている可能性が高いことを勘案すると，郊外にある住宅地であれば，住民の年齢構成は似通ったものになり，高齢化や人口減少は同じペースで進むはずである。しかし，現実的にはその程度に地域差が生じている。そこで2点目として，こうした地域差を若者の転出入動向や住宅地としての競争力という視点から具体的な説明を試み，そのうえで将来的な郊外の様相について考えてみたい。

（2）郊外地域はどのように高齢化すると考えられていたか

　そもそも，郊外における高齢化の地域差はどのように現れると考えられていたのか。大きくいえば2つの考え方があった。ひとつは，住宅地の開発年代が早い地区から高齢化が進むとする見方である（石水，1981；伊藤，2003；小長谷，2002など）。これに従えば，郊外の高齢化はインナーエリアに近い地区から始まり，外縁方向に向かって進んでいく。つまり，郊外の中でも早くに開発されたインナーエリアに近い地区の高齢化が先に進み，遅くに開発された郊外の外縁にある地区の高齢化はその後で起こる。

　こうした考え方の根底には，「人々の住宅取得年齢は一定であろう」という暗黙の前提がある。住宅団地は，住民の入居が一時期に集中する傾向がある。住民の年齢がほぼ同じであるとすれば，当然，分譲された時期が早いほど，住民が65歳に達する時期が遅くに分譲された地区よりも早くに訪れる。したがって，地区の高齢化も早くに起きることになる。結論から言ってしまえば，個々の住宅地に関してはこの考え方は否定できないし，うまく説明できる。しかし，郊外全体を対象とした場合には，この考え方だけでは説明しきれない面がある。

　もうひとつの考え方，それは郊外では住宅地としての競争力に欠ける縁辺部から高齢化が進むとする見方である（角野，2000；長沼・荒井・江崎，2006など）。個々の住宅地を取り上げれば，開発時期の違いが高齢化の程度と関わることは否めない。しかし，郊外住宅地の成立過程に立ち返ると，郊外にはある特定の年齢層に偏った住民が広く分布している可能性が高い。拡大団塊の世代が辿ってきたライフコースが，郊外の形成から拡大を経て成熟に至るまで，深く関わってきたこと

は先にみたとおりである。彼らはほぼ同じ年齢層であるので，住宅取得年齢に達するのも同時期である。しかし，新たな住宅地を造成し，彼らの需要を満たすだけの住宅数を供給するにはそれなりの時間がかかる。マイホームを手に入れたくとも，住宅そのものがなかったのである。マイホームを手に入れるまでに時間がかかった拡大団塊の世代も相当数いたはずである。ここに需要と供給のミスマッチが生じる。需要はあるが供給が追いつかない，このタイムラグがもたらした影響は少なくなかった。つまり，マイホームの獲得時期が必ずしも住宅取得年齢ではなかった可能性が捨てきれないのである。

　ここに，郊外における高齢化とそれに続く人口減少は，拡大団塊の世代のコーホートを基準にして読み解いたほうがうまく説明できるのではないか，という視点が生まれる。彼らのボリュームの大きさは，住宅地の分譲年代といった個々の住宅地が持つ差異を超えて，郊外に多大な影響を与えている可能性がある。大雑把にいえば，郊外にある住宅地には分譲年代に関わらず一定数の拡大団塊の世代がいるのではないか，という疑問がぬぐえないのである。

（3）分譲年代と拡大団塊の世代

　郊外地域には，住宅地の分譲年代に関わらず，一定数の拡大団塊の世代がいるのではないか。そこで生じている高齢化と人口減少の地域差は，若者の移動動向によるのではないか。こうした問いに答えるには，郊外にあり通勤や買物の利便性のような生活条件が同じでありながら，分譲年代が異なる住宅団地を対象に，居住者のライフコースと若者の移動動向を分析する必要がある。とりわけ，ライフコースを分析するには，住民の生活に関わる膨大な量の個人データが必要となるのだが，こうした分析に耐えうる既存のデータは皆無に等しい。したがって，こうした問題に対処するには，独自調査によるデータの収集が必須となる。

　そこで，都心への通勤圏にあり交通条件はほぼ同等であるが，高齢率が異なる3つの住宅団地を選択し，住民を対象としたアンケート調査を行った。調査内容は，世帯主の年齢や世帯構成などの基本属性，ならびに転入経路を分析するため出身地・入居前の前住地・現住地への入居年の記載をお願いした。また，若者である子世代の移動動向を探るため，子世代の離家の状況も確認した。

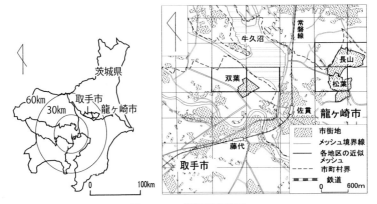

図4－7　詳細調査地区

(1/25000 の地形図より作成)

すでに離家している子世代がいる世帯については，彼らの年齢・離家の時期・
離家のきっかけ・現在の住宅形態と居住地を回答してもらった。

　アンケート調査は，茨城県取手市双葉地区（当時は藤代町）ならびに，同県
龍ヶ崎市龍ヶ崎ニュータウンにある松葉地区と長山地区で行った（図4－7）。
これらの地区は，都心からほぼ同じ距離帯にあるが，造成年代と高齢化ならび
に人口減少の進行速度には差異がある。アンケート調査は，いずれの地区もま
だ高齢化が目立っては進んでいなかった 2004 年 6 月に実施した。調査は各
地区の 1,200 世帯に調査票を現地にて直接配布し，郵送による回収を行った。
それぞれの母集団に対する配布率は，双葉地区が 94.2%，松葉地区が 87.9%，
長山地区が 74.4% である。配布数は 3,600 通（1,200 世帯×3 地区），回収は 673
通，回収率は 18.7% であり，各地区における最終的な世帯抽出率は双葉地区が
9.3%，松葉地区が 20.1%，長山地区が 17.3% であった。

　まず，得られたデータの代表性をアンケート以外のデータから得られた世帯
主の年齢構成と比較することで検討しておきたい。比較に用いたデータは，松
葉地区と長山地区は龍ヶ崎市調査による『龍ヶ崎市年齢別統計表』に記載され
た，2004 年の世帯主の年齢構成を使用した。双葉地区に関しては，住民基本
台帳を基に藤代町が作成した内部資料を用いた。ただし，同資料には 1999 年

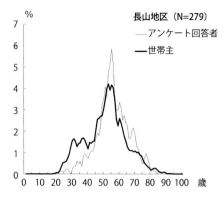

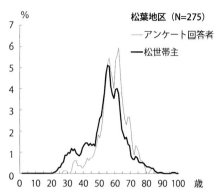

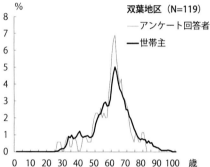

図４－８　アンケート回答者と世帯主の年齢（３歳移動平均）

（藤代町内部資料（1999）ならびに龍ヶ崎市『龍ヶ崎市年齢別統計表』（2004）より作成）

までしか世帯主の年齢が明示されていなかった。そこで，当時の双葉地区では新たな住宅の分譲がめだって行われていないこと，主な世帯主である親世代の転出入がほとんどないと判断できることから世帯主の転出入がないものと仮定して，1999年の世帯主の年齢構成をそのまま５歳分加齢させたデータを作成し，この値をもって検討を行うことにした。このようにして作成した世帯主の年齢構成と，アンケート回答者の年齢構成を示したものが図４－８である。

　両者を比較したところ，若者層が若干少ない傾向にあるものの，３地区ともに２つのグラフは概ね重なっており大きな相違はなかった。そこで収集したサンプルに著しい偏りはないと判じ，調査から得られたデータを注意深く扱うことで，それぞれの地区を代表するデータとして扱うことにした。

（4）詳細調査地区の位置づけ

1）通勤圏と開発経緯

　まず，調査を行った 3 地区が都心への通勤圏として妥当であるのかについて検討しておこう。双葉地区・松葉地区・長山地区はいずれも都心から約 40 km の地点に位置し，最寄り駅は JR 常磐線の佐貫駅である。駅から地区の入り口まで双葉地区が約 500 m，松葉地区と長山地区は 750 m 程度である。いずれの地区も最寄り駅から徒歩で 20 〜 30 分ほどあり，車やバスを利用すると 10 〜 15 分前後の時間を要する。都心地区に通勤するとすれば，ドア to ドアで 90 〜 120 分を要する。

　はたして，これらの地区は都心への通勤圏であるのか。調査地区を設定するに際して，多くの方にこの点をご指摘いただいた。まずこの疑念を解消しておこう。世帯主の就業地（旧も含む）を示した表 4 − 1 によれば，世帯主の 5 〜 7 割は 23 区内に通勤している。当該地区から毎日通勤するのか。答えは，イエスである。世帯主の 5 〜 6 割は，通勤に片道 1 〜 2 時間をかけている（表 4 − 2）。彼らの約 5 〜 7 割は，最寄り駅までバス・自家用車・自転車などで乗り入れ，そこから就業地まで鉄道を利用する（表 4 − 3）。地区による通勤時間と交通手段に特段の差はない。当時，こうした通勤条件の郊外住宅地は，そう珍しくなかった。そういうものとして認識されていたのである。以上を勘案すると，3 地区が都心地区へ

表 4 − 1　世帯主の就業地（旧も含む）

(%)

	双葉	長山	松葉
近所	2.5	1.1	1.5
藤代町・龍ヶ崎市	13.4	3.6	2.9
その他の茨城県内	10.1	17.6	13.5
23 区内の東京都	48.7	59.5	67.3
23 区外の東京都	0.8	0.7	2.5
千葉	14.3	5.7	6.2
神奈川	3.4	2.9	0.7
埼玉	0.8	0.4	0.0
その他	2.5	6.8	3.6
不明	3.4	1.8	1.8
総計（人）	119	279	275

（アンケート調査より作成）

表 4 − 2　世帯主の通勤時間（旧も含む）

(%)

	双葉	長山	松葉
30 分未満	19.3	12.9	8.4
30-60	17.6	16.8	16.4
60-90	24.4	19.0	18.5
90-120	26.1	36.2	44.4
120 分以上	6.7	10.4	8.7
不明	5.9	4.7	3.6
総計（人）	119	279	275

（アンケート調査より作成）

の通勤圏にあたる，典型的な郊外住宅
地だと判断して差し支えないだろう。

次に各地区の開発経緯を確認してお
きたい。開発が最も早かったのが双葉
地区で，1963年には造成が開始されて
いる。水田に浮かぶように造られた同
団地の総面積は264,000㎡で，総区画
数は1,430区画に及んだ。事業主は地
元の不動産会社で，分譲は4期（1969
年『1,170区画』，1972年『169区画』，1974
年『75区画』，1977年『12区画』）の11年
間に渡って行われている。1969年には

表4－3　世帯主の通勤手段（旧も含む）

(%)

	双葉	長山	松葉
バス＋鉄道	26.1	27.2	30.9
自家用車＋鉄道	5.0	22.9	23.3
バイク＋鉄道	0.0	3.2	3.3
自転車＋鉄道	17.6	7.9	9.5
鉄道のみ	9.2	7.2	6.9
バスのみ	31.1	0.4	0.4
自家用車のみ	1.7	23.3	17.1
自転車のみ	0.8	2.2	1.1
徒歩のみ	0.0	0.7	1.1
その他	0.0	1.1	1.8
不明	8.4	3.9	4.7
総計（人）	119	279	275

（アンケート調査より作成）

総区画の82%，1972年までには94%が分譲されていることから，住民の大部
分がこの時期に入居したと考えられる。最寄り駅まで徒歩で20分程の位置に
あり，バス路線の利用も可能であるが，駅までの交通手段としては徒歩や自転
車も利用されていた。

一方，松葉地区と長山地区は，分譲時期こそ異なるがともに日本住宅公団（現
都市再生機構）が主体となって開発された。1970年に公団内で計画が立案され，
翌年には計画決定が行われ，1977年には行政の事業計画許可を得て造成が進め
られた。住宅の分譲が始まったのは，松葉が1981年で長山が1984年である。
総面積は両者を合計して3,265,000㎡であり，計画世帯数は9,600世帯と，当時
としては大規模なものであった。両地区の最寄り駅は双葉地区と同じく佐貫駅
で，通勤や通学には徒歩ではなくバスや自家用車が多く利用されている。自宅
から最寄りのバス停まで2〜13分歩き，そこから駅までバスで4〜8分程度
が必要である。そこから鉄道路線を利用して都心へ向かう。なお，公団のパン
フレットによれば，JR上野駅までは最短で62分である。

2）住民の出身地

当初の疑問に立ち返ろう。調査地区の住民はどこから来たのか。地方出身の

拡大団塊の世代が一定数いるのであれば，住民の出身地は偏らないはずである。しかし，住民の多くが取手市や龍ヶ崎市で生まれ育ったいわゆる地付きであれば，特定の都道府県の出身者が多数を占めるだろう。そうなると地方から都市に転入した拡大団塊の世代が，郊外に集住しているのではないかという仮説が揺らぐ。同仮説が成り立つには，住民の出身地が特定の県や市に偏っていないことが，前提条件として必要である。そこで，3地区の住民がどこで生まれ育ったのかを明らかにし，この疑念を払拭しておきたい。

　まず，各地区の世帯数と人口に関する情報を確認しておこう。住民基本台帳によると，調査時点（2004）では双葉地区には1,274世帯（3,281人），松葉地区には1,365世帯（4,042人），長山地区には1,612世帯（4,968人）が居住していた。同様に2020年のデータでは，双葉地区は1,151世帯（2,311人），松葉地区は1,444世帯（3,413人）と世帯数より人口減少のほうが目立つ。一方，長山地区は1,917世帯（4,708人）と，先の2地区と同様に人口は減少しているが，世帯数は増加している。

　世帯数がそれほど変化しないにもかかわらず地区の人口が減ずるのは，世帯人数が減少したためだと考えられる。多くは子世帯の進学・就職・結婚等を契機とした離家によるものである。このことは，世帯構成の変化から推測が可能である。

　表4－4は，各地区の入居時点と調査時点，ならびに2015年の世帯構成の変化をまとめたものである。これによると，3地区ともに入居時点では夫婦と子ども世帯が全体の6〜7割を占めていたが，分譲から20〜30年経過した調査

表4－4　世帯構成の変化

(%)

世帯構成	双葉			長山			松葉		
	入居時	調査時	2015	入居時	調査時	2015	入居時	調査時	2015
単身	6.7	10.1	26.0	4.0	4.7	15.2	2.9	4.4	13.0
夫婦のみ	15.1	32.8	27.6	19.2	27.6	30.6	15.6	37.5	36.4
夫婦と子ども	71.4	46.2	24.1	66.7	52.3	36.5	74.2	46.5	37.3
その他	5.9	7.6	8.8	10.1	10.8	6.9	6.5	10.2	5.5
不明	0.8	2.5	0.0	0.0	4.7	0.2	0.4	1.5	0.2
総計(世帯)	119	119	1052	279	279	1869	275	275	1391

（アンケート調査ならびに国勢調査より作成）

注）2015年の数値は国勢調査より算出した。

時点になると，夫婦と子ども世帯の割合は減じて夫婦のみ世帯が増加する。さらに分譲から 30 〜 40 年経過した 2015 年時点になると，夫婦のみ世帯の割合がいっそう上がる。同様に単身世帯の割合も時間の経過とともに増加する。2015年の単身世帯の中で，65 歳以上の世帯員のみで形成される単身高齢世帯の割合をみると，双葉地区が 66.7%，松葉地区が 56.9%，長山地区が 41.1% であるので，双葉地区と松葉地区では，夫婦のみから高齢単身へと移行した世帯が少なくないことが読み取れる。対して，長山地区では，65 歳以下の単身世帯が 6 割近くを占めており，若い世代向けの集合住宅等の供給があると考えられる。長山地区において，人口が減少しているにもかかわらず世帯数が増加していたのは，集合住宅等の供給があった可能性が高い。しかし，このことを除外して考えれば，分譲時に入居した住民が，夫婦と子ども世帯から夫婦のみ世帯へと移行し，その後単身世帯へと世帯構成が変化したと考えられる。3 地区は同じような時間経過による変化を遂げている。

　では，彼らの出身地を見ていこう。表 4 − 5 は，世帯主の中学校卒業時の居住地である。世帯主の中学校卒業時点を出身地とみなすと，現住地の近隣や同じ市や町の出身者は 3 地区とも 4% 以下である。茨城県全域に拡大してみてもその割合は 15% 以下と少数であり，住民の多くが地付きでないことがわかる。むしろ，東京都・千葉県・埼玉県・神奈川県の出身者が，3 〜 4 割前後を占めており茨城県以外の出身者が目立つ。さらに，その他の都道府県の出身者が約 4 〜 5 割を占めるなど，3 地区ともに茨城県以外の出身者が 75% を越えているので，調査地区には多様な出身地を持つ住民が入居していることがわかる。ここから，住民の多くが地元出身者である可能性は低いと判断しても良いだろう。

表 4 − 5　世帯主の中学校卒業時の居住地

			(%)
	双葉	長山	松葉
近隣	0.8	0.4	0.0
藤代町・龍ヶ崎市	2.5	2.5	3.6
その他の茨城県内	5.9	11.5	10.5
23区内の東京都	21.0	16.5	15.6
23区外の東京都	5.0	4.3	3.6
千葉県	9.2	7.5	3.6
神奈川県	4.2	4.3	4.7
埼玉県	4.2	3.9	2.2
その他の都道府県	38.7	44.4	54.9
不明	8.4	4.7	1.1
総数（人）	119	279	275

（アンケート調査より作成）

　ここまで，住宅地の造成年代と立地，就業地と通勤時間，住民の世帯構成の変化と出身地を検討してきた。分析の結果，調査を行ったいずれの地区も，典型的な郊外住宅団地と位置づけても差し支えないだろう。

3．高齢化の地域差

（1）地区における高齢化と人口減少の状況

　調査地区は典型的な郊外住宅地の様相を呈するが，高齢化と人口減少の程度には地域差がある（表4-6）。3地区の高齢化率の推移を追うと，1995年時点はいずれの地区の高齢化率も5～7％台であり，当時の日本の平均14.6％（国勢調査，以下同）を大きく下回っていた。その後，値は徐々に上昇し，2005年には双葉地区は20％台に，松葉地区と長山地区は10％台になるが，それでも日本の平均20.2％と比較すると，同程度か低い水準であった。

　ところが，2015年になると双葉地区の高齢化率は45.1％に，松葉地区は35.0％，長山地区は24.4％と，10年前と比較して14～23ポイントほど上昇する。同時期における日本の平均が26.7％であるので，双葉地区と松葉地区は日本の平均値よりも高い値を示し，長山地区はこれを下回る値を取っていたことがわかる。こうして眺めると，いずれの地区においても高齢化が進むことは確かであるが，その程度と進行速度に地域差があることが見えてくる。

　分譲が早かった双葉地区の高齢化が，2地区よりも早くに進むことに違和感はないが，松葉地区と長山地区の分譲時期はほぼ同じである。しかし，2005年には同程度であった両地区の高齢化率は，10年経過した時点で違いが現れ

表4-6　双葉・松葉・長山地区における高齢化率と人口の推移

	高齢化率 %			人口（増減率）		人（%）
	1995	2005	2015	1995	2005（1995-2005）	2015（2005-2015）
双葉	7.9	22.8	45.1	3794	3102（-18.2）	2437（-21.4）
長山	5.1	10.1	24.4	4340	4945（+13.9）	4941（-0.1）
松葉	5.3	11.4	35.0	3950	3952（-0.1）	3556（-10.0）

（国勢調査より作成）

る。松葉地区では高齢化が急速に進んだが，長山地区は 14 ポイント程度の上昇であり，高齢化の進展に差が生じている。このように，調査地区の高齢化の進み具合は，分譲年の早晩だけでは読みきれない地域差がある。

　では，人口はどうであろうか。1995 年の人口を基準として 2005 年の増減を見ると，双葉地区は 18.2% 減少したが，松葉地区は 0.1% とほぼ横ばい，長山地区は 13.9% ほど増加している。同様に 2005 年から 2015 年の変化を追うと，双葉地区の人口は約 2 割減少し，松葉地区も 1 割程度減少している。一方で長山地区はほぼ変化していない。したがって，1995 〜 2015 年にかけて，双葉地区では人口が減少し続けたのに対して，松葉地区では 2005 年までは現状維持であったがその後減少に転じ，長山地区は人口が増加した後はそのまま人口を維持していたことがわかる。

（2）住民の出生コーホート

　双葉地区・松葉地区・長山地区は，いずれも都心への通勤圏としての立地条件は同じである。なぜ，これほどまでに，高齢化や人口増減に地域差が生じたのだろうか。既存研究において，郊外住宅地では分譲年代が高齢化の地域差に影響を与えるとされてきた（伊藤，2003 など）。この論拠は，住宅団地の多くが短期間で分譲されるため入居者の年齢が特定の年齢層に偏ること，また，人々が住宅を取得する年齢がほぼ同じだとする考えが前提にある。そのため，初期に造成された住宅地ほど入居者の年齢が高くなり，後で分譲された住宅地に先駆けて高齢化が進むと考えられた。

　個々の住宅地に関してみれば，この見解を否定することは難しい。実際，分譲が早かった双葉地区は，長山地区と松葉地区よりも早くに高齢化が進んでいる。しかし，3 地区の分譲年は双葉地区が 1963 年，松葉地区が 1981 年，長山地区が 1984 年であり，後者 2 地区に関しては分譲年の違いはあまりない。それにもかかわらず，両地区の高齢化と人口減少の程度に差が生じている。

　ここで，先の仮説に立ち返ってみたい。郊外の高齢化と人口減少は住宅地の分譲年代よりも，拡大団塊の世代のボリュームの影響のほうが大きいのではないか，とするこの説を裏付けるには，郊外住宅地としての立地や規模が同じで

あるが，分譲年代が異なる住宅地において，拡大団塊の世代がどの程度いるのかを確かめる必要があった。

　住民へのアンケート調査から得たデータを基に，世帯主の出生年と入居年を示したのが図4−9である。住民が同じ年齢で住宅を取得したのであれば，分譲年代が早いほうから遅いほうに向かって，点が右上がりに並ぶはずである。ただし，白抜きの記号で示した2000年以降の入居者は，勤務地・通勤手段・通勤時間などの基本的な生活圏が都心に通勤している造成当初の入居者とは異なるため，ここでは彼らを除外して考える。

　確かに入居年と入居者の年齢にまったく相関がないわけではないが，入居者の年齢層が重なる部分も少なくない。むしろ分譲年にはかなりの違いがあるにも関わらず，図中の直方形マークで囲まれた1930〜40年代生まれが分布するエリアに点が集中している。実は2000年以前に入居した世帯主の約6割(57.8%) が，この時期に生まれた人々，つまり拡大団塊の世代によって占められている。もちろん，造成年代による影響はある。しかし，全体を俯瞰すると，郊外の住宅団地には造成年代の早晩に関わらず，一定数の拡大団塊の世代が入居している可能性が高い。

　なぜそうなるのか。それは，マイホームを手に入れた年齢が同じではなかった，からである。それぞれの地区に世帯主が入居した年齢を示した図4−10をみると，双葉地区が20歳代後半〜30歳代前半，松葉地区は30歳代後半〜40歳代前半，長山地区は40〜50歳代にピークがあり，分譲年が遅くなるほどに入居時の年齢が上がっているのがわかる。

　先の議論にあった，住民が住宅を購入する年齢はほぼ同じであろう，という前提は，住宅の価格が大きく変動しない，言い換えれば住宅需要がある程度安定している状態では成り立つ可能性が高い。しかし，拡大団塊の世代が呼び起こした莫大な住宅需要は，地価の高騰を招き住宅価格を吊り上げたため，その大前提自体を揺るがしたと考えられる。

　1980年代後半〜1990年代前半の地価の高騰は，都心地区に収まらずインナーエリアや郊外の地価も上昇させた。土地の値段が上がれば，新たに造成された住宅の価格も上昇する。一般的な給与所得者，いわゆる普通のサラリーマ

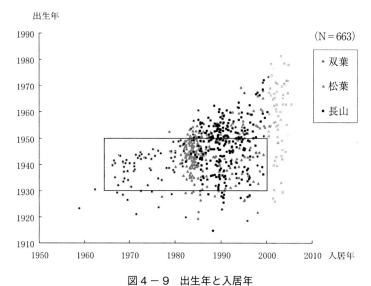

図４−９　出生年と入居年

（アンケート調査より作成）

注１）2000 年以降の入居者は白抜き記号で示してある。

注２）□は 1965 〜 2000 年に入居した 1960 〜 70 年代生まれの住民である。

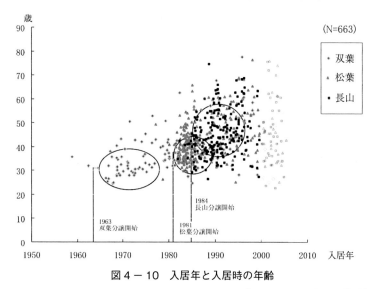

図４−10　入居年と入居時の年齢

（アンケート調査より作成）

注）2000 年以降の入居者は白抜き記号で示してある。

ンが購入できる住宅を市場に供給するには，地価の上昇が抑えられていた地区に住宅地を造る必要があった。拡大団塊の世代のマイホーム需要は莫大であり彼らが一通り住宅を取得するまで，住宅需要は高い水準で維持され地価は上がり続けた。その時々における都市圏の外縁部に住宅地が造成され，都市圏は外側へ外側へと拡大していった。最終的には，都心への通勤圏としては遠距離にあり，痛勤と揶揄されるほどに遠い郊外の縁辺部にまでも住宅地は造成された。しかし，そのような地区であっても，住宅の価格は決して安くはなかった。このことは，調査地区付近の地価の推移からも確認できる。1980年代後半〜1990年代前半にかけて，双葉地区・松葉・長山地区ともに急速に地価が上昇している（図4 - 11）。もっとも，双葉地区に関しては，分譲が1963年と早かったので，地価上昇の影響をあまり受けなかった可能性が高い。しかし，松葉地区と長山地区は，地価の上昇と分譲の時期が重なっている。地価が比較的安定していた1980年代前半に分譲された松葉地区と，地価が急速に上昇する1980年代後半以降に分譲された長山地区では，住宅価格にも差が生じたであろう。

　こうした状況の中で，長山地区の住民の多くは地方への転勤など何らかの理由で，地価が高騰する以前に住宅を取得する機会を逸したことで，相対的に大きな経済力が求められる事態に見舞われたと考えられる。高額になった住宅価格に耐えうる経済的な準備ができるまで，マイホームを取得することが延期されたことで，相対的に住宅の取得が遅くなったと推測できる。したがって，住宅取得年齢はほ

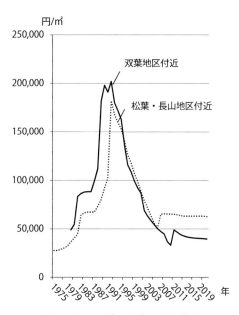

図4 - 11　双葉・松葉・長山地区
付近の地価の変化

（地価公示より作成）

ぼ同じである，という前提が崩れ住宅取得年齢に差が生じたのは，拡大団塊の世代の住宅需要を背景とする地価の上昇が，住宅価格を押し上げたことに一因があると考えられる。

　土地神話が崩壊し地価の高騰が収まった 1990 年代後半から，地価は下がり始め，2000 年以降は 3 地区ともほぼ 1980 年代以前の水準にまで戻っている。したがって，2000 年以降の 3 地区への入居者は，1980 年代の入居者より経済的な負担は少なかったと考えられる。おそらく 2000 年以降の入居者に関しては，1980 年代の松葉地区と長山地区ほどには，経済力による地域差や年齢差は少ないと見てよいだろう。また，入居者の多くは若者であり，就業地や通勤時間などの点で分譲当初に入居した者と異なるライフスタイルを送っている。もちろん細事に異論があることは承知している。それでも，大局的には，郊外には住宅地の造成年代に関わらず，どの住宅地にも一定数の拡大団塊の世代が入居している，という仮説は概ね支持されるのではないだろうか。

（3）拡大団塊の世代と水面下の高齢化

　住民の年齢が偏ることは何を意味するのか。郊外は拡大団塊の世代とともに成長し成熟してきた地域である。念願のマイホームを獲得し，郊外に転入してきた彼らの多くは核家族であり，夫婦世帯や夫婦と子供世帯が中心であった。彼らはこの地において世帯の拡大や成長を経験する。

　開発当初の郊外地域は，急速な人口の増加に住宅地としての対応が追いついていなかった。田畑や丘陵など人口が希薄な地区では，住宅地の造成と追いかけっこで上下水道や生活に関わるインフラが整備された。学校等はその際たるものであった。数多くの住宅団地が造成されると，学区域の子供の数も急増し，小学校や中学校は早々にキャパシティーオーバーとなった。関連する自治体は学校の新設に追われ，場所によっては急ごしらえのプレハブ校舎や，1 学年 8 クラスや 10 クラス編成で授業を受ける子供もいた。

　急速に増加した人口は，その地区における生活や消費の在り方にも影響を与えた。絶対数の大きさを誇る拡大団塊の世代が，短期間に怒涛の勢いで転入した郊外には，消費に関する莫大な需要が生みだされた。彼らはそこに住み生活

するだけで，地域の経済を動かす原動力となった。

　そうした彼らが及ぼした影響はさまざまであるが，ひときわ大きかったのは自家用車での移動を前提とするライフスタイルが確立されたことではないだろうか。郊外において自家用車は家族の足となる。一家に１台は当たり前で，駅からそれなりに距離がある地区や自宅にたどり着くのに急な傾斜を超えなければならない地区など，住宅地としての条件が芳しくなければ，車は１人に１台となった。

　郊外における日常の買い物は，大型のショッピングセンターやロードサイド型の店舗に自家用車で赴き，食品・衣料品・家具・家電など，あらゆる商品は郊外で調達できた。郊外が拡大する以前であれば，都心の百貨店に赴いていた買回り品も，郊外で入手できるようになっていった。むしろ，百貨店が郊外に支店を出し，消費者のもとへ出向いた。しだいに，郊外は巨大な購買層を抱える一大消費空間となり，生活の場としても成熟していった。

　大方の拡大団塊の世代がマイホームを手に入れるまで，この流れは止まらなかった。郊外は彼らとともに拡大と成長を続けた。ある意味において，郊外は拡大団塊の世代のライフコースとともに変化し成長を遂げたといえる。郊外の誕生に始まり，成長や円熟を経て縮小へと続く，郊外が歩んでいる一通りの流れは，拡大団塊の世代と共にあったといってもよいだろう。

　ではライフコースという視点から，郊外の高齢化を捉えなおしてみよう。図４－12 は，調査地区における世帯主のライフコースと世帯構成の変化を，時系列で示したものである。ただし，2000 年以降の入居者は先に述べた理由から除外してある。まず入居時の世帯主の平均年齢に着目したい。造成年代が早い双葉地区が 32.3 歳と３地区の中で一番若く，松葉地区は 41.5 歳，長山地区は 43.1 歳と 40 歳代で入居している。このことから，住宅地の造成年が早ければ入居時の年齢が若く，遅ければ入居年齢が高くなることがわかる。しかし，調査時（2004 年）における世帯主の平均年齢をみると，双葉地区が 58.1 歳，松葉地区が 59.6 歳，長山地区が 57.3 歳とほぼ同じである。このことは，住宅の購入に時間的な差異はあるものの，入居者の出生コーホートは同じであることを意味している。つまり，入居者の大半は拡大団塊の世代であるが，彼らがマイホー

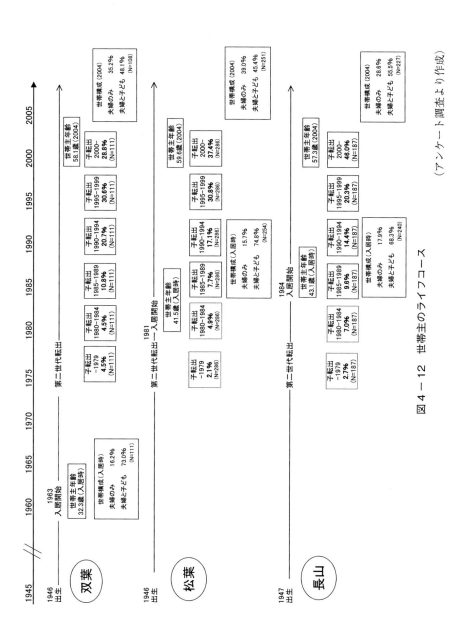

図4－12 世帯主のライフコース

（アンケート調査より作成）

注）入居時の年齢は分譲開始から10年以内に入居した世帯主の平均年齢である。

ムを獲得した時期は異なっている。これは先の見解とも相違しない。

　3地区における世帯主の類似点は年齢だけではない。彼らの子世代の離家の時期にも似通っている。現住地に入居する前か後かの違いはあるが，3地区とも1979年以降から子世代の離家が始まる。地区によってピークは異なるが，1990年以降に子世代が地区外へ転出する傾向が高い点は同じである。つまり，彼らは似通ったライフサイクルを歩んでいる可能性が高く，3地区の住民の基本的なライフコースの進行状況は同程度であるとの予測が得られる。

　このことは，郊外の高齢化が拡大団塊の世代の加齢という，ライフサイクル進行上の類似性に強く規定されることを意味している。つまり，郊外のすべてではないにしても多くの住宅地において，潜在的な高齢化が進んでいると考えられる。彼らが65歳に達したとき，郊外の高齢化率がいきなり跳ね上がったように見えるだろう。しかし，郊外の高齢化は水面下で進み続けている現象であり，起きて当然の帰結である。

　東京大都市圏の裾野に広がる郊外は，ある意味，拡大団塊の世代の住宅需要に対応することを目的として開発され，拡大と発展を遂げてきた地域である。しかし，そうであるがゆえに郊外が生まれた時点において，いずれこの地において高齢化が進むことは運命付けられていたといえる。郊外における高齢化とその先にある人口減少は，いわば不可避の現象であったと考えられる。

（4）高齢化と見かけ上の地域差

　高齢化は水面下で進んでいる。それは郊外のどこであっても，基本的には同じである。では，第2章の地図に現れた高齢化の地域差は何によるのか。高齢化が早くに進む地区と抑制される地区は何が違うのか。

　今一度，地区の高齢化率が上がることについて確認しておきたい。ある地区における高齢化率は，地区人口に占める65歳以上人口の割合である。地区の高齢化率が上がるのには，いくつかのパターンがある。1つ目は，出生率が低下し新たな転入者が限られる状況で，地区住民が加齢をしたケースである。現実的に人の出入りがまったくない状況は想定しがたいが，あえて言えば日本の国の状況に近いだろう。先の詰まった壺を逆さにした形を思い描いていただく

と良い。出生数が人口維持ラインに届かない状態で住民が加齢するので，壺の上部が膨らみ地区の高齢化率は上がる。2つ目は，高齢者が地区内に転入したことで65歳以上の人口が増加するケースである。これはケアつきのマンション等が，地区内に供給された場合に起きる。地区人口に占める高齢者の絶対数が増加するので，高齢化率は上がる。3つ目は，65歳以下の人口が地区外へ転出するケースで，高齢者の絶対数は変わらないが若者の数が減少するので，相対的に高齢化率が上昇する。子世代の離家が起きているにもかかわらず，新たな住民の獲得が難しい地区において多く見られる。郊外では，親世代の加齢にともなう高齢化率の上昇は，言ってしまえばどこででも起きるので，それ自体が大きな地域差を産むことはない。この地において高齢化の程度に地域差を生じさせる最大の要因は，3つ目の65歳以下の住民をどの程度維持もしくは獲得できるのかによっている。

　高齢者でない若者の動向が，郊外における高齢化の程度を左右する理由は，人口ピラミッドの構造から容易に説明できる。郊外にある住宅団地の人口ピラミッドを描くと，その多くは2つの山を持つフタコブラクダ（△△）のような形になる。それぞれのピークは，親世代である拡大団塊の世代とその子供に相当する拡大団塊のジュニア世代である。こうした形状のピラミッドを持つ地区では，2つのピークの高さの変化が高齢化の度合いとリンクする。例えば，新たな住民の転入が見込めず子世代の転出が続く地区の人口ピラミッドは，次のように変化する。右側の山である親世代は地区内に留まる割合が高いので，時間が経っても彼らの山は右側にスライドするだけで，山の高さは大きくは変わらない。一方，子世代の山は彼らの進学・就職・転職・結婚等による離家が進むと目減りするので，時間の経過とともにフタコブラクダの左側の山だけが減っていく。右側の山の高さは変わらないが左側の山の高さが下がれば，ピラミッドは右の山が突出した形となる。こうして，高齢者の絶対数は変わらないにもかかわらず，地区人口に占める高齢者の割合が上がる。高齢化率は高齢者の数ではなく，地区の年齢別人口構成のバランスによって決まるので高齢化率が上がるのである。

　郊外にある住宅団地の多くは，こうした人口ピラミッドの変化を経験する。

継続的に人口の入れ代わりがある地区でない限り，子世代の離家の時期の早晩と新たな住民の獲得に関わる住宅地としての競争力の強弱が，地区における高齢化の程度を左右する。実際，調査を行った3地区の高齢化にも地域差があった。これらをもたらしたのは，高齢者の絶対数に関わる親世代の動向というよりは，子世代の離家の時期に時差が生じていたためである。この点について，各地区の人口ピラミッドの変化を手がかりに，子世代の転出動向を検討してみよう（図4−13）。

　2015年時点において子世代の減少が目立つのは双葉地区である。この地区は住宅団地としての造成年代が早く，多くの世帯が30歳代で入居している。

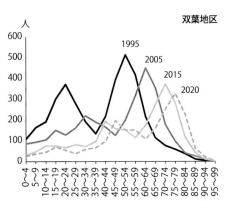
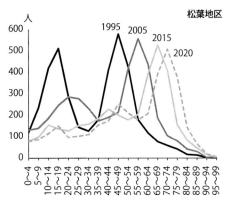
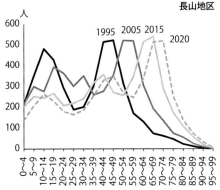

図4−13　双葉地区・松葉地区・長山地区の人口ピラミッド

（国勢調査より作成）

アンケート調査から，彼らは入居時に子供がいた世帯が多く，その数は全体の70％を超えている。したがって，進学・就職・転職・結婚等を契機とする子世代の地区外転出の時期も他の２地区より早く，1995〜99年に集中している。このことは，人口ピラミッドの左側の山が，1995〜2005年に大きく減少していることからもわかる。

　一方，1995年時点の松葉地区と長山地区の人口ピラミッドは，親世代と子世代のピークがほぼ同じ高さにあるので，この時期における子世代の離家は，それほど顕著ではなかったことがわかる。しかし，2005年になると，松葉地区の子世代の山は大きく下降するが，長山地区は松葉地区ほどには低下しない。1995〜2005年の期間でみると，松葉地区では子世代の転出が進んだが，長山地区では子世代が地区内に留まっていた可能性が高い。調査時点の松葉地区の子世代の転出者数は，長山地区のそれを100人近く上回る。

　こうした違いをもたらした理由はいくつか考えられるが，とりわけ大きな影響を与えたと考えられるのが子世代の年齢である。1995年の人口ピラミッドを検討すると，両地区の親世代はほぼ同年代ではあるが，分譲が早かった松葉地区は長山地区よりも，親世代と子世代のピークが５歳程度高い。松葉地区の子世代は長山地区よりも年長であるがゆえに，松葉地区における子世代の転出が，長山地区のそれよりも早い時期に起こったと考えられる。

　つまり，子世代の転出時期は双葉地区が最も早く，次いで松葉地区，最後が長山地区という順番で起きている。先に見た高齢化の地域差は，子世代の年齢差が離家の時期のずれを生んだことに起因しているのだろう。このことを人口ピラミッドの形状から確認すると，ピラミッドの右側，つまり親世代が地区に残留している状況はどの地区も同じであるが，左側の子世代の転出の時期と程度に地域差があるため，高齢者の絶対数はそう変わらないにもかかわらず，地区の高齢化率に地域差が生じたと見られる。このように，新たな住民の転入が限られる地区では，子世代の転出の時期と数が高齢化の早晩に影響する。ただし，若者向けや賃貸を主とする住宅がある程度供給されていると，また事情が変わってくる。この点については後に説明するので，一旦は除外しておく。

　昨今，若者の進学や就業等の状況は変化し，地区内に留まる若者も増加して

いるが，それでも地区全体でみると一定数の子世代の離家は続いている。郊外にある多くの住宅地においても，個々の事情による時差はあるが，子世代の地区外転出は確認できる。拡大団塊の世代のボリュームによって加齢の足並みが揃う郊外の高齢化は，構造的には同じテンポで進む。そうであるのならば，調査時点において子世代の転出がさほど起きていなかった長山地区においても，彼らが転出するにつれて，他と同様に高齢化が進むと予測できる。実際，長山地区の2015年の人口ピラミッドをみると，拡大団塊の世代の子世代に相当する年齢層は，1995年と比較して大きく減少している。そうした意味において，3地区の高齢化に根本的には大きな差がないことがわかる。新たな住民の獲得という条件をはずして考えると，郊外における高齢化の地域差はある意味，見かけ上のものであることがわかる。

　なぜ，子世代の離家の時期に差異が生じたのか。郊外はその成立経緯からみて，少なからぬ住民が拡大団塊の世代に属していると考えられる。したがって，彼らの年齢やライフイベントに大きな違いはないであろう。調査地域に関していえば，都心からの距離や最寄り駅からの交通条件など，住宅地としての条件はほぼ同じである。かといって，従来考えられてきた住宅地の造成年代による新旧の差や入居者の年齢の違いによるとする説は，否定はできないが大きな違いをもたらさないことは前項までにみたとおりである。

　では，何が違うのか。3つの地区において明確に異なっていたのは，住宅地の造成年代と住民の入居年である。こうした相違から導かれるのは，住民の入居にいたるまでの経緯に地域差があった可能性である。そこで，どのような人が，いかなる経緯で住宅を入手し，この地にたどり着いたのかをアンケート調査の結果から描ける住民像をもとに読み解いてみたい。

　まず，3地区の中で住宅地としての造成が最も早かった，双葉地区から見ていこう。世帯主の90.8％は茨城県以外の出身者で，県内出身者は9.2％と少数派であるので，住民の多くはいわゆる地付きではない。人口ピラミッドの右側の山を形成する親世代の多くは，1960〜70年代前半に地方から東京大都市圏へと転入している。彼らの約7割（69.7％）は，東京都・千葉県・埼玉県・神奈川県を前住地とし，そこから双葉地区へと移動する。ここから彼らの居住暦を推測すると，

1960〜70年代に進学や就職のために地方から大都市に移動し，おそらくはインナーエリアに居住した後に，マイホームを取得し同地区に入居したと考えられる。

　他の郊外にある住宅団地に先駆ける形で，1963年に造成された双葉地区は，地価高騰の影響を受ける前に分譲が始まっている。当時，都心地区への通勤圏としては遠距離にあり，水田を埋め立てる形で造成された双葉地区は，販売価格も比較的安価であったと思われる。後に造成された周辺の住宅団地の住戸が，相当に高額な価格で販売されたことを鑑みれば，そうした時流から逃れられた住宅団地であった。そうした事情もあり，彼らは20歳代後半〜30歳代前半と，比較的若い年齢で住宅を取得できた。また，彼らは世帯員数の拡大も早かった。調査当時の彼らの長子の平均年齢は34.7歳で，世帯主の平均年齢が58.1歳であることから考えて，彼らが第1子を得たのは23歳前後ということになる。

　これらのことから，双葉地区の住民が辿ったと想定される典型的なライフコースを描いてみれば，次のようなものになる。親世代は1945年前後に生まれ，18〜20歳にあたる1963〜1965年ごろに地方から上京する。彼らは働き始めた時期が若かったこともあり，結婚も早く20歳代前半に第1子をもうけた。子どもの成長にともない，居住面積の拡大など居住環境の改善が必要になり，早い段階での住宅取得を試みる。当時はまだ急激な地価の上昇が起きておらず，住宅価格も比較的安価であったので30歳代前半でマイホームを獲得し，双葉地区に転入する。その後，子世代の離家が起き年月が経過したことで，親世代が地区の主要な住民へと移行している。

　一方，松葉地区と長山地区の住民は，分譲の時期や住宅地の成立経緯が似通っていることもあり共通点も多い。両地区とも茨城県内の出身者は約14％と低く，他の都道府県の出身者が80％を越え地付きの住民は少数である。前住地が東京都・千葉県・埼玉県・神奈川県の者が松葉地区で59.5％，長山地区で65.8％を占め，その多くは1960〜70年代前半に地方から大都市に移動し，その後マイホームを獲得して現住地に移動したとみられる。

　ここまでの経緯は双葉地区と似通っているが，住宅の取得年齢ならびに第1子の生まれた年齢には違いがある。松葉地区と長山地区の住民は，住宅の取得年齢が双葉地区よりも遅く，平均すると松葉地区が41.4歳，長山地区が43.1歳で，マ

イホームを獲得している。また，長子の平均年齢も若く，調査当時で松葉地区では 31.4 歳，長山地区で 30.8 歳であった。住宅の分譲が始まった 1980 年代は地価の上昇期にあり，住宅の価格も相当に高額であったと考えられる。この時期に住宅を取得できたことから察するに，彼らの経済力は比較的高かったと想定できる。

　松葉地区と長山地区における，住民の基本的な属性は類似しているが，住宅の購入時期や第 1 子の誕生時期には違いがある。これは地価の高騰にともない住宅価格が上昇したことで生じた，住宅取得時期のずれに起因すると考えられる。松葉地区における住宅の分譲は，1981 〜 85 年前後に集中している。この時期の地価は，1 ㎡あたり 60,000 円台とほぼ横ばいに動いていたため，住宅の価格も安定していたと考えられる。しかし，長山地区の分譲が始まった 1984 年以降は地価が急騰している。1984 〜 92 年の間で見れば，地価は公示価格で 66,500 円から 182,000 円まで上がっている。この間に分譲された長山地区の住宅価格が，地価の上昇に連動したことは想像に難くない。そうであれば，経済的な準備状況において住宅取得のハードルは高くなるので，長山地区の住民の住宅取得年齢が松葉地区よりも上がったのも納得がいく。

　両地区の住民の住宅を取得する前までのライフコースは，ほぼ同じように描ける。1940 年代中頃に生まれた彼らは，20 歳前後の 1960 年代半ばに地方から大都市圏に転入する。当時の住宅価格から推察して彼らは高学歴であり，ある程度の所得を得られるホワイトカラーであったと考えられる。彼らが住宅の取得を視野に入れ始めた頃に，地価が高騰し始める。しかしながら，彼らは婚姻や第 1 子が生まれた年齢が，双葉地区の住民よりも遅かったことが幸いして，世帯員数の増加による居住面積等の住宅に関する問題を，少し先送りすることができた。それでもいずれは住宅を取得する必要がある住宅需要者であることには変わりなく，住宅価格の上昇は彼らが経済的な準備を終えるまでの期間を引き延ばした可能性が高い。結果として，彼らが住宅を取得した年齢は，地価の上昇以前に住宅を獲得した者よりも遅かったと推測できる。

　1980 年代後半〜 1990 年代前半の地価高騰は，これまでに類を見ないものであった。住宅の分譲年が遅くなるほどに住宅の価格は上がり，住宅需要者のマイホーム取得の時期に時差をもたらした。転勤などの事情で住宅取得の機会を

逸した人々は，いっそう厳しい状況に見舞われ，経済的な準備が整い相応の購買力を得るまで，住宅の取得を先送りせざるを得なかったのだろう。その彼らが念願かなって手に入れたのが，長山地区の住宅であったと考えられる。松葉地区と長山地区の分譲年に違いがあるが，世帯主の年齢に大きな差がないのはこうした状況を反映していると考えられる。

　拡大団塊の世代が一定数入居している両地区の高齢化は，潜在的には同じ速度で進んでいる。しかし，長山地区は松葉地区よりも高齢化の程度が低い。この差は何によるのか。ひとつは先に検討した子世代の年齢が松葉地区よりも若いことにあった。もうひとつは，新たな住民や若者向けの住宅が供給されているか否かという点にある。先ほどの子世代の離家による地域差について検討する際に除外した，新たな住民の転入による影響である。先送りしていた課題をここで解決しておこう。拡大団塊の世代の子世代がひとまず離家し終えた地区では，新たな住民がどの程度地区内に転入してくるのかが，高齢化の地域差に影響を与える。

　今一度長山地区の人口ピラミッドをみてみよう。1995 年と 2005 年のピラミッドを比較すると，1995 年のピラミッドにみられた２つのピークのうち，左側の山が低くなると同時に，そのさらに左側の 30 〜 34 歳付近に新たなピークが出現していることに気がつく。当初からあった左側のピークは，拡大団塊の世代の子世代であるので，彼らの離家が進んだことでピークが下がったと解釈できる。しかし，その左側にある小さめの山は，地区内に新たな住民が転入した可能性を示している。長山地区では，継続的に新たな住宅が供給され，民営の集合住宅や公営団地のような賃貸住宅も存在する。もちろん子世代がそのまま親世代と同居を続けることもあるが，人口ピラミッドの形状からみて，一定数は地区外へ転出していると判断できる。したがって，子世代の転出によって減少した人口を，新たな住民が補う形で高齢化率が抑制されたとみるほうが妥当であろう。

　親世代は現時点の主な住民であるが，時間が経過し彼らが地区外へ転出すれば，地区には住宅や土地に空きができる。そこに新たな住民が転入してくれるのではないか。新たな住民が地区に供給されるのであれば，郊外にある住宅団地の高齢化と過疎化の速度は緩やかなものになるのではないか。こうした仮説が浮かぶかもしれない。確かにこの見方自体は否定できないし，若い世代が地

区内に転入すれば高齢化と人口減少は抑制される。新たな住宅が売りに出されている地区もある。ただし，新たな住民が拡大団塊の世代と同等の規模で，転入してくれればの話である。

　ここに人口規模の要件が絡んでくる。拡大団塊の世代の特徴は，その規模の大きさにある。地方から大都市へと流入した彼らは，潜在的な住宅需要者であったことは先に述べた。当時は人口が増加しており，住宅も不足していた。経済的に相当の余裕があるか，配偶者か自らの実家がインナーエリアにある場合は別であるが，平均的なサラリーマンが郊外以外に住宅を購入するのは至難の業であった。通勤に2時間以上かかる地区であっても，都心に就業するサラリーマンの通勤圏内であった。調査対象とした3地区でも，分譲当初に入居した拡大団塊の世代の多くは都心へ通勤している。当時の郊外における住宅の購入対象者は都心への通勤者であり，販売ターゲットのパイは相当に大きかった。

　しかし，新たな住民は親世代とは異なる様相をみせる。アンケート調査から見えてくる彼らの姿は次のようなものである。ここでは，2000年以降に3地区に入居した者を新たな住民として，その住民像を描いてみよう。主に鉄道を利用して通勤していた親世代とは異なり，彼らは自家用車のみで勤務地へ通勤する者が全体の40%を越える。通勤に要する時間も1時間以内の者が約7割である。なにより，勤務地が茨城県内の者が約半数を数える。すなわち，1999年以前の入居者である親世代が，通勤に1.5〜2時間をかけ，最寄り駅までバス・自家用車・自転車で乗り入れ，駅から都心地区の勤務地まで鉄道を利用していたのに対して，2000年以降の入居者は，車で1時間以内の地元に通勤している。このことから，新たな住民の生活空間は，拡大団塊の世代のような大都市圏全体に広がったものではなく，地元を中心としたものであることがわかる。つまり，新たな住民となってくれる転入者は，地元を中心として生活空間を確立している者である可能性が高い。そうした条件を満たす住宅需要者の数が，当時インナーエリアに居住していた拡大団塊の世代のそれよりも限られることは容易に想像がつく。そうであるがゆえに，地元に足場を置く新たな住民の転入が，親世代と同等の規模で起きるとは考えにくいのである。

　郊外における高齢化の波は，高齢化の初期の段階では子世代の離家の時期や新

たな転入者の有無によって，時間的な揺れが生じているため進行速度に差がある
ようにみえる。しかし，これらの差異は固定的なものではなく，時間の経過とと
もに揺れ動く。都心や駅からの距離，大学等の施設があり若者が常に転入してい
るなど，若者が選択的に転入してくる立地条件，賃貸住宅であれば賃料の高低や
生活の利便性など，住宅地としての競争力が高ければ新たな住民を獲得し続ける
ことができる。しかし，こうした条件を満たす地区はそう多くはない。地域差に
まつわる揺れはいずれ収まるとみられる。そうしたときに郊外にある少なくない
数の住宅地は，どこであっても同じように高齢化と過疎化が顕在化する。

　1960〜70年代前半にかけて，拡大団塊の世代を主とする地方からの膨大な
転入人口を受け入れてきた都市において，彼らにマイホームを提供してきたの
が郊外であった。こうした住宅地の多くは，絶対数の大きな拡大団塊の世代に
よって今しばらくは維持されるだろう。しかし，全国的に少子化が進む状況や
若者の地元志向など，大都市へと移動する地方の若者は減少している。今後，
拡大団塊の世代が経験したような規模での人口移動が起こるとは考えにくい。
もはや，大都市圏にあっても，高齢化と人口の減少が起きることは確実である。
住宅需要そのものの低下と，都心を中心としたインナーエリアにおける住宅供
給の動向からみても，郊外の住宅地において，現状と同規模で人口が供給され
る地区は限られるだろう。ゆえに，すべてではないにしろ，郊外にある多くの
住宅地は時期や速度に多少の揺れは生じたとしても，基本的には高齢化と人口
の減少が避けられない。そうした意味合いにおいて，郊外はひとつの役割を終
え，新たな段階に進んでいるとみなすことができるかもしれない。

4．人口の維持と住宅地の非持続性

　郊外地域における高齢化と人口減少は，もはや不可避の現象であると捉えた
ほうが妥当である。そうであるのなら，郊外の住宅地とりわけ住宅団地では何
が起きるのか。本節では双葉地区を手がかりに，いずれ郊外住宅地で起こる可
能性が高い事態を予想し，住宅地の地域としての持続性について考えてみた
い。ここで改めて双葉地区を取り上げるのは，詳細な調査を行った3地区の中

で最も分譲年が早く，高齢
化と人口減少が他の地区に
先駆けて起こると予測され
るからである。

（1）双葉地区の状況

1）人口と世帯の変化

　まず，双葉地区の人口と
世帯数の変化を確認してお
こう（図4－14）。双葉地
区の世帯数は1986〜2020
年までほぼ変化がなく，人
口のみが減少しており，1
世帯あたりの世帯員数が減
少していることがわかる。

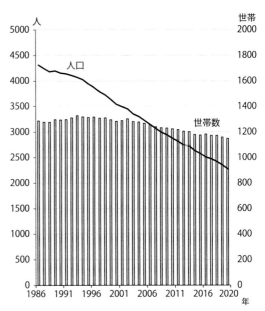

図4－14　双葉地区の人口と世帯数の変化

（住民基本台帳より作成）

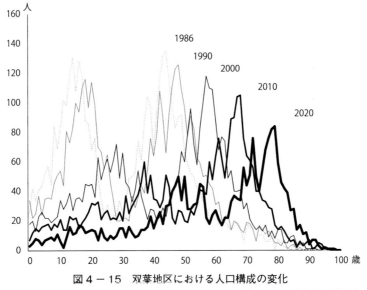

図4－15　双葉地区における人口構成の変化

（住民基本台帳より作成）

　誰が地区外へ転出しているのか。1986年当時の人口ピラミッドは，２つの
ピークを持つ形状をしており，山の高さもほぼ同じである（図４─15）。しかし，
時間の経過とともに，ピラミッドの左側の山が低くなり，2020年になるとフ
タコブラクダのような形状は確認できなくなる。こうした変化は，地区人口
の減少と選択的な転出によって起こる。

　1986〜2020年のおよそ35年間で，地区の人口は4,313人から2,310人へと
半数近くまで減少している。地区における人口減少は２段階で起きており，１
段階目は人口ピラミッドの左側の山を形作っていた，子世代の地区外転出によ
るところが大きい。1986年と2000年を比較すると，親世代が形作る右側の山
はさほど目減りしていないが，子世代に相当する左側のピークは大きく下がっ
ており，若い世代が転出している。次の段階で起こるのが親世代の減少である。
1986年と2020年のピラミッドをみると，親世代を示す右側の山が徐々に低く
なっていることに気が付く。もちろん加齢にともなう死亡やより良いケア等を
受けられる施設などへの移動もあると思われるが，後に述べる地区の生活環境
の変化による暮らしにくさが，早期の地区外転出を促した可能性が否めない。
いずれにせよ，初期には若者が，後には地区の主要な住民であった親世代が転
出している。

2）住宅の状況

　1960年代に分譲が始まった双葉地区は，平均敷地面積が147㎡と郊外の住
宅団地としてはそう広くはなか
った。また，造成から時間が経
過したことで，分譲当初に建て
られたと思われる住宅の中には
経年劣化が進んでいる建物もあ
る。もし，新たな住民の転入に
よる人口の維持を図るのであれ
ば，住宅の建て替えや補修が必
要になる。住宅地としての持続

表４－７　建て替え・リフォームの有無と予定
（複数回答）

建て替え	1	0.8
リフォームあり	86	65.2
リフォームの予定あり	3	2.3
具体的な予定は無いが希望はある	18	13.6
希望もなし	19	14.4
不明	5	3.8
総計	132（件）	100(%)

（アンケート調査より作成）

を期待するのであれば，住宅の更新が望ましいが，当該地区は住宅の建て替えではなく，リフォームが選択される傾向が高い（表4-7）。

　費用負担の懸念もあるがそれ以上に問題となるのが，建蔽率などが既存不適格の状態にある住宅が多く，現行の建築基準法に照らし合わせて更新を行った場合に起きる居住面積の縮小が住民の不利益に働く点にある。もし，建蔽率がオーバーしている住宅を建て替えようとすると，双葉地区の大部分は第一種低層住居専用地域に該当するため，建蔽率50%，容積率100%に従わなくてはならない。仮に敷地面積を100㎡とすると，居住面積は多く見積もっても75㎡程度である。そのため，現状の居住面積を確保するには隣地を購入するなどして，敷地面積の拡大が求められる。そうした場合の費用は相当なものとなるうえ，子世代や新たな居住者が見込めない状況では，建て替えよりもリフォームが選択されることは納得がいく。しかし，リフォームはあくまでも，家屋や設備の老朽化に対する補修工事的な意味合いが強く，親世代が自分たちが住み続けられればそれでよいという考えに基づいての行動である。底地面積の拡大や住宅更新などが行われないので，住宅地としての質が改善されることは強くは期待できない。

3）生活する地区としての困難性

　子世代が転出し新たな住民の転入も多くは見込めない状況で，実質的に地区を支えている親世代までもが転出した場合に危惧されるのが，人口の減少にともなう生活インフラの崩壊である。

　人口が一定数減少すると，生活に関するインフラに脆弱性がみられるようになる。双葉地区の大通り沿いには，かつて商店街が連なっていたとみられる景観が残されている。造成当初はにぎわっていたと思われる商店街であるが，モータリゼーションの進行にともないロードサイド型の店舗や大手量販店の進出が進んだことで，地区内の店舗も影響を受け次第に客足が遠のいたのだろう。実際，地区内で営業を続けている店舗は限られており，シャッターが下りたままのものも少なくない。しかし，車で十数分も行けば大型のスーパーマーケットや家電量販店などがあり，日常生活における買い物に不便はない。こうした状況は日常の足と

しての自家用車が運転できるうちは，さしたる問題にはならないが，ひとたび自家用車の運転が困難な状況になると事情が　変する。

　加齢等により日常の足としての自家用車の利用が困難になると，徒歩圏に生鮮品や日用品を購入する店舗がなければ，日常の買い物に対する負担は増す。そうした場合は公共交通機関の利用が考えられるが，ここにも人口減少に起因する問題が起きている。民間の交通機関は一定数の利用者がいなければ経営が困難になる。通勤者や通学者が主要な収益源である場合は，退職や子世代の転出で利用者が減ずると利益が見込めなくなる。利益が上がらなければ，民間事業者が運営を維持することはできず，結果として公共交通としての役割を維持することが困難な状況に陥る。

　双葉地区では，バス路線が身近な公共交通機関に相当していた。2004 年時点では都心に通勤する住民もそれなりにいたが，既にバス路線の維持が困難な状況が顕在化し始めていた。当時，双葉地区から駅に向かうバス路線は，佐貫駅と藤代駅へ向かう 2 つのルートがあったが，藤代駅に向かうルートは2003 年 10 月に廃止されており，佐貫駅に向かう 1 路線のみが運行を続けていた。当時の時刻表をみると，6 ～ 7 時台ならびに 17 ～ 20 時台に運行が集中しており，主要な利用者が通勤者もしくは通学者であったことが伺える（写真 4 － 1）。この時点では住民の多くが退職前であったので，バス会社も都心への通勤者を駅まで輸送することで収益を上げていたと考えられる。しかし，彼らが定年を迎えたとき，バス会社は主要な利用者である通勤者を失い，路線を維持し続けることが経営的に難しくなったことは想像に難くない。2021 年時点では，同地区から運行する民間のバス路線はなく，市が運行するコミュニティーバスがこの地区の公共交通を支えている。

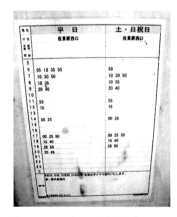

写真 4 － 1　バスの時刻表（調査当時）

（著者撮影）

　このことは，自家用車の運転が困難になると移動手段が限られ，行動範囲が狭くなることを意味する。もはや，地区内の商店だけで日常の生活に必要な物資をまかなうには困難がともなうようになると考えられる。宅配などを利用することも可能であるが，それだけでは品揃えや楽しみとしての買い物の側面を心理的に満たすことは難しい。また，医療機関や役所等へのアクセスもかつてほどには容易ではない。こうした日常の生活に不便や支障が生じ，加齢とともに生活の負担度が上がるようになれば，主要な住民である親世代も，地区内に住み続けることが難しいと考え始めるかもしれない。まして，身体的な不都合がより意識されるようになりケアが必要になれば，より良い生活環境を求めて地区外へ転出する親世代が増加する可能性がある。人口の減少に引きずられるように生活にいっそうの不便が生じれば，人々はこの地区から転出していくだろう。そうなれば地区の人口はますます減少する。このような高齢化から人口減少へと続く循環が繰り返される可能性がある。

（2）郊外における住宅地の過疎化と持続性

　郊外地域における高齢化も都心と同様に，親世代の定住と転出した子世代を補うだけの新たな住民の転入が見込めない地区で起きている。ただし，両地区の人口移動を促す背景は異なっている。都心では地価高騰に起因する住商が混在した土地利用から，オフィス需要に対応した土地利用へと変化したことにともなう経済的な理由が大きかったのに対して，郊外は住宅団地の形成そのものが要因であり生来的なものが大きいと考えられる。

　しかし，いずれもその根流には拡大団塊の世代の存在がある。バブル期における地価高騰の背景には，拡大団塊の世代の高い住宅需要があり，この需要に応えたのが郊外である。同じ年代層にある拡大団塊の世代の加齢とともに，郊外の高齢化率が上がることは初めから運命付けられていたといってもよいかもしれない。それほどまでに彼らが都市空間に及ぼした影響は大きかった。

　郊外の高齢化は不可避の現象である。そこに現れる地域差は，子世代の離家の時期の早晩と，新たな住民の転入量に影響を与える住宅地としての競争力の如何によって引き起こされる揺れである可能性がある。郊外における高齢化は

潜在的には一様に進んでおり，郊外誕生のときからこうなることはわかっていた，いわば起こるべくして起きている現象に過ぎない。

　もちろん，郊外にあるすべての住宅地で高齢化と人口減少が進むわけではない。都心への通勤時間が短い地区や，地元を中心とする生活圏を確立している住宅需要者を獲得できる住宅地は地区の人口を維持できるだろう。しかし，住宅地としての競争力が高いとはいい難い立地にある住宅地は，現在の高齢化の程度がどうであっても，いずれ高齢化が進むと考えられる。結局のところ，将来的には郊外において，高齢化と過疎化が進んだ住宅地がそれなりの規模で出現する可能性がある。

　こうした住宅地では，おそらくであるが地区の維持管理が問題になる。双葉地区の事例から見えてきたように，こうした住宅地で高齢化が進めば，高い確率で人口が減少し，地区には空家や空地が増加する。さらに地区人口が減少すれば，残されている近隣の商店やバスなどの公共交通も経営が困難になるだろう。こうした日常の生活に不便が生じる環境が形成されると，この地に新たな住民を呼び込むことは難しい。そうなれば，時間の経過とともに地区の人口はいっそう減少する。こうしたサイクルが繰り返されるようになると，生活を支える基本的なインフラが櫛の歯が欠けるように欠落していく。かくなる状況となれば，加齢によって何らかの問題を抱えるようになった親世代も，より満足のいく環境を求めて地区外へと転出せざるを得ない。結果としてではあるが，地区の人口はいっそう減少する。

　もっとも，人は移動できるので最終的には不満足な環境から脱出できる。ただし，残された地区にはさらなる問題が生じる。住宅地としての非持続性である。過疎化が進み生活インフラが低下し続ければ，地区はどうなるだろう。おそらく最終的には，空家や空地が広がるエリアにまばらに人が居住する，いわばゴーストタウンのような状態に陥るのではないだろうか。もちろんこうした状態にまでなる地区はまれであろう。しかし，そこまで深刻な状態にならずとも，これに類する状態になる地区が出現する可能性は否定できない。

　そもそも持続が困難になると予測される住宅地は，地区の継承が難しい構造をしている。本来，広場や道などを核として自然発生的に形成された住宅地は，

長い時間をかけ徐々に拡大していったものが多かった。しかし，拡大団塊の世代の住宅需要を満たすことに重きが置かれ，絶対数の増大が命題であった多くの郊外住宅地は，人口希薄地帯に造成された経緯を持つものも多い。そのため，長い時間が経過した住宅地では自然であった，どの年齢も満遍なく存在するという状況が成立しえなかった。さらに言えば，郊外住宅地の主要な住民は拡大団塊の世代という特定の年齢層である。このことが，いっそう郊外の年齢構成を偏らせることにつながっている。

　住宅取得年齢がほぼ同じであった頃は，住宅団地の形成と住民の年齢層がリンクしていたので，住宅団地の造成年が異なれば主たる住民の年齢層も異なっていた。例えるならば，新しく造られた隣の住宅団地の住民は若かった。しかし，拡大団塊の世代と地価の上昇はこの状況を一変させた。大きく見れば，郊外に新しく造られた住宅地は，どこであっても同じ年齢層の住民が一定数いる。いわば郊外全体が巨大なひとつの住宅団地の様相を呈している。個別みれば差異はあるが，そこに住む住民の多くは，マイホームの獲得から子世代の離家による世帯員数の減少までの一連の流れを共有している。住民のこうしたサイクルがそのまま郊外の盛衰に反映されたことは先に述べたとおりである。もちろん子世代（やがて親世代も）が地区外へ転出したとしても，これを補うだけの人口が転入すれば，住宅地の機能は維持される。かつて郊外住宅地に拡大団塊の世代が流入したように，特定の年齢に偏ったとしても，新たな住民が地区内に転入し続ければ，地区の人口は減少しないため住宅地として機能し続けるだろう。ただし，そのためには郊外を支えられるだけの人口が存在しなければならない。全国的に少子化傾向が続き，合計特殊出生率が低下し続ける現状では，地方から都市へと大量の余剰人口が移動する可能性は低い。そもそも拡大団塊の世代は特殊な世代であり，彼らのような集団が今後現れることはまず想定できない。

　今後は都市にあっても人口が減少し，全体的な住宅需要は低下すると考えられるので，住宅は余剰になるだろう。選択肢が限られていた拡大団塊の世代とは異なり，若い世代は経済的なハードルはあるにしろ，居住地を選択することが可能であり，彼らの需要に見合う住宅がインナーエリアや郊外でも条件の良い地区に供給されている。また，地方の若者の移動先は地元に足場を置いたものへと変わ

りつつある。こうした状況では，就業地から遠距離にある住宅地に好んで住む必要はなく，転出した子世代が実家に戻ってくる可能性は合理的にみて低い。

　こうした住宅地で問題になるのが，最後まで地区内に住み続ける住民に対するサポートである。過疎化の前段階に起こるのが，一時的な高齢者数の増加である。郊外では高齢者のボリュームと，それにともなう行政コストの増加が懸念される。これまでは加齢にともなう生活のサポートが，暗黙のうちに家族や地域社会によって提供されることが期待されてきた面がある。しかし，年齢構成が著しく偏る地区では高齢化が急速に進み，住民の多くが高齢者により占められる時期が生じる。彼らに対する日常的なサポートを担う福祉サービスの需要が増加すると予測され，行政に対する期待とコストも高くなるだろう。

　そうしたときに課題となるのが，サポートに対するニーズが時間の経過と共に変化すると予測される点である。ある地区を例にとれば，高齢者の増加とともにデイサービスなどの福祉施設の利用に対するニーズは急増する。しかし，その状況が継続的に維持されることはなく，加齢とともに高齢者数が減少すれば，当然ニーズは減少する。つまり，ニーズ増減の時間的経過を的確に把握し，予測する何らかの手段の開発が必要になる。複雑なのは，同じ行政区内に高齢化が進む地区とそうでない地区が混在し，しかも，この高齢化や過疎化が進む地区は時間とともに移り変わっていくことにある。もちろん行政の管轄も異なることもある。地区人口の構成と将来的な増減を見据えた効率の良いシステムの構築が待たれる。

参考文献

阿藤　誠 2000.『現代人口学─少子高齢社会の基礎知識』日本評論社.
荒井良雄・川口太郎・井上　孝編著 2002.『日本の人口移動─ライフコースと地域性─』古今書院.
石井まこと・宮本みち子・阿部　誠編著 2017.『地方に生きる若者たち─インタビューからみえてくる仕事・結婚・暮らしの未来』旬報社.
石水照雄 1981. 高齢人口化過程における大都市地域. 坂田期雄編『大都市と大都市圏問題』142-159　中央法規出版.
伊藤慎悟 2003. 郊外地域における人口高齢化の地域差─横浜市泉区の事例─. 新地

　　理　50：27-40.

伊藤達也 1984.　年齢構造の変化と家族制度からみた戦後の人口移動の推移.　人口問題研
　　究　172：24-38.

江崎雄治 2002.　戦後日本の人口移動.　荒井良雄・川口太郎・井上　孝編著『日本の人口
　　移動―ライフコースと地域性―』1-33　古今書院.

大江守之 1995.　国内人口分布変動のコーホート分析―東京圏への人口集中プロセスと将
　　来展望―.　人口問題研究　51：1-19.

岡崎陽一 1987.『現代日本人口論』古今書院.

小田光雄 1998.『〈郊外〉の誕生と死』青弓社.

角野幸博 2000.『郊外の 20 世紀　テーマを追い求めた住宅地』学芸出版社.

轡田竜蔵 2017.『地方暮らしの幸福と若者』勁草書房.

小長谷一之 2002.　大都市圏立地構造の再編と 21 世紀京阪神都市圏の将来像.　小玉　徹
　　編『大都市圏再編への構想』29-51　東京大学出版会.

舘　実・濱　英彦・岡崎陽一 1970.『未来の日本人口』日本放送出版協会.

長沼佐枝・荒井良雄・江崎雄治 2006.　東京大都市圏郊外地域の人口高齢化に関する一考
　　察.　人文地理　58：399-412.

速水　融 1992.『近世濃尾地方の人口・経済・社会』創文社.

─── 第 5 章 ───

人口が増加している都市の
郊外も高齢化するのか
―地方中核都市福岡市にみる都市空間の淘汰―

1. はじめに

　近年，地方の若者の地元志向が高まっているといわれる (轡田, 2017)。地元に足場をおいて移動先を検討する若者は，初めから大都市を選択肢から外して考えるだろう。「移動しても近隣の都市まで」と考える若者が増えている状況において，地方中核都市は転出先を探す彼らにとって有力な候補地となる。経済的な状況や歴史的な経緯だけでなく，そうした意味においても地方中核都市が若者を呼び寄せるポテンシャルは高まっているように感じる。実際，地方中核都市の人口は増加傾向にあり，経済も良好な都市が多い。彼らが一定数転入し続けてくれるのであれば，その都市の高齢化と人口減少には歯止めがかかる。高齢化と人口減少を懸念する多くの都市にとって，こうした状況を緩和する若者の転入は僥倖であろう。

　しかし都市に若者が転入しているからといって，個々の地区における高齢化の懸念が，すべて払拭されるわけではない。都市空間を形成する住宅地や就業地をパーツと考え，その組み合わせで都市空間が形成されているとみなせば，一つ一つの部位には地域差が生じる可能性が高く，住宅地ひとつを取ってみても，新たな住民に選択される地区とそうでない地区があり，住民の年齢構成にも違いがある。都市空間は複雑かつ広範囲であるので，こうした地区をすべて検討することは現実的にみて困難である。そこで，まず高齢化と人口減少がそれなりの規模で起きると考えられる大都市圏の郊外と同じような現象が，人口

が増加傾向にある地方中核都市の郊外においても起きるのかについて検討してみたい。なお，ここでは地方中核都市である福岡市とその周辺域を分析対象としている。

　大都市の郊外において，高齢化と人口減少が進む地区が一定の規模で現れると考えられる背景には，現在の都市の縁に広がる郊外の成り立ちと，拡大団塊の世代を礎とする住民の偏った年齢構成があった（長沼ほか，2006）。彼らの人生における選択（どこで生まれ，どこに移動し，どこに居住したか）が，今もなお都市空間に多大な影響を与えている。当然のことながら，巨大なボリュームを持つ彼らは地方中核都市にもいる。彼らは地方中核都市の都市空間に，どのような影響を与えているのだろうか。

　山間部や小規模な地方都市の多くは，1960年代から人を送り出してきたが，対して地方中核都市は大都市へと人を送り出す一方で，周辺地域や地方都市からの人口の受け入れ先にもなってきた。人口移動に着目すると，1960～70年代の大都市には地方から多くの人が流入していたが，1980年代になるとこの動きは鈍化し転入量は減少する。同様の流れを汲むのであれば，地方中核都市への転入量も減ずるはずであるが，実際には1980年代以降も総じて転入量は減少せず人口は増加傾向にある。むしろ，地方中核都市では，大都市や地方都市の成長に陰りが見え始めた1960～70年代においても，支店機能の集積が進み経済的には安定的な成長を遂げている（日野，1996；森川，1998）。つまり，地方中核都市は，1980年代以降も経済的発展が続き，拡大と成長を遂げている可能性がある（箸本・荒井，2001）。さらには，近年の若者の地元志向は，周辺地区から地方中核都市への若者の転入を後押ししており，こうした都市の人口維持に一役買っているようである。

　したがって，地方中核都市の人口動態は，拡大団塊の世代のコーホート規模に強く影響された大都市のそれとは異なる可能性がある。なにより，地方中核都市には転入者に占める若者の割合が高いという特徴がある。単純に考えれば，若者が選択的に転入しているわけであるから，急激な高齢化を避けられるようにも思える。これだけをみれば，地方中核都市は大都市とは異なる人口の高齢化と減少のプロセスをたどる可能性もある。

　では，若者が転入している地方中核都市では高齢化が問題とならないのだろうか。地方中核都市は，戦後から一貫して若者の転入量が多く，継続的に転入超過の状態にある（磯田，2004）。当然ながら，これには拡大団塊の世代も含まれており，地方中核都市の多くも，大都市と同様に人口増加による住宅不足を経験している。1970〜80年代には，福岡市の郊外にも多くの住宅地が造成された。拡大団塊の世代の住宅需要に応えてきた福岡市の郊外も，いずれは大都市と同様に高齢化と過疎化が進む可能性がある。しかし，地方中核都市は安定的な人口増加が続いており，大都市のように一定期間に集中した人口の急増を経験していない。くわえて，安定的な若者の転入は，住宅需要の低下を阻む効果もある。こうした大都市との相違を勘案すれば，住民の年齢構成が偏ったものにならず，急激な高齢化を回避できる可能性も否定できない。そうであるのなら，大都市とは異なる高齢化の空間パターンを描くかもしれない。こうした疑問に向き合うため，本章では福岡市とその周辺を事例に，地方中核都市の郊外でも大都市圏と同じようなメカニズムで高齢化と人口減少が進むのか否かを実証的に検討してみようと思う。

2．地方中核都市の高齢化に関する既存研究の整理

　都市における高齢化の進み方は一様でなく，地域差があることはかねてから指摘されてきた（斎野，1989；高山，1983；Graff and Wiseman, 1978；Hiltner and Smith, 1974）。しかし，地域差をもたらす要因は，時代背景や生活に対する価値観の変化などが複雑に絡みあっており単純には説明できない。

　そうした要因のひとつである人口移動から地域差を読み解こうとする研究は蓄積が厚く，主に退職後移動が盛んな欧米を中心に行われてきた。ここでは，避寒や避暑などを目的とした移動や，数ヶ月ごとに居所を動かす季節移動などが分析対象となった（例えば，Lee, 1980；Rogers, Watkins and Woodward, 1990など）。スラムクリアランスなど都心の再開発が盛んになる以前は，個人の持つ経済力の違いが移動の方向軸を決定付けるとされ，経済力の高い高齢者は都心から郊外へ向かうが，都心に向かう高齢者は経済的な地盤が脆弱であり，行政

によるサービスを期待して移動する事例などが報告されている（Wiseman and Virden, 1977）。いずれも高齢者が特定の目的地をめざして移動したことで，着地となった地区の高齢化率が上がり地域差が生まれることを意味している。

　日本においても退職後移動の動きはあるが，全体としてみれば高齢者の移動率は総じて高くない。福祉サービスを求めての施設移動等を除けば，彼らの移動のみから地域差を説明することは難しいこともあり，どちらかというと都市の拡大や住宅地の形成過程から，高齢化の地域差を説明しようとする研究が主流であったように思われる。

　大都市の郊外地域に限ってみると，1980年代初頭にはすでに郊外の高齢化を示唆するような報告が行われている。とりわけ先駆的であったのが，石水（1981）が指摘した，いわゆる残留仮説である。石水は，都市が外縁方向へと拡大していた時代に，いずれ郊外の内側から外側に向かって高齢化が進むことを予見している。その後も，郊外の高齢化に地域差をもたらす要因を，住宅地の造成年代の早晩に帰して解明しようとするものや（伊藤，2003；由井，1999），コーホートによる説明を試みたもの（川口，2002；谷，2002），また，都心への通勤条件など住宅地の競争力から解明しようとしたものなどがある（角野，2000）。

　こうした研究の多くは大都市を対象としたものであったが，1980年代後半になると，地方都市においても将来的には郊外は高齢化するとの指摘がなされ始める。札幌市における実態分析では，都心と郊外の両地区において高齢化が避けられないことが明示的に示され（斎野，1990），東北6県の県庁所在地および金沢市の事例分析では，地方中核都市とその他の都市では高齢化の進行に違いがあることが明らかにされた（香川，1987；1990）。この時点において，香川（1987）は地方中核都市や県庁所在地のある地方都市の郊外では，目だって高齢化は進んではいないものの，その予兆があることを指摘している。

　一連の研究から，地方中核都市の郊外においても，いずれ高齢化が起こるのではないかという問題提起が得られたが，これらはあくまでも都市全域を対象とした分析が中心であった。というのも，当時はまだ郊外のほとんどは高齢化しておらず，今日のように高齢化と過疎化が進む地区が，郊外全体で顕在化するとの見方は限られており，そうなる地区もあるだろうが，そうならない地区

のほうが多いだろうとする意見が主流であった。

３．福岡市選定の理由と調査手法

　まず，調査対象として福岡市を選定した理由について述べておきたい。地方中核都市には札幌・仙台・広島・福岡の４都市がある。図５−１は４都市の県庁が置かれている市の人口推移を示したものである。これによると，1960 年以降，いずれの市も人口が増加傾向にあるが，他の３都市と比較して福岡市が安定的な伸びを示すことに気がつく。

　都道府県の自然増加率に大きな違いがない以上，こうした人口増を支えるのは域外からの転入者による社会増である。もちろん，地方中核都市には企業の本支店や大学等が集積しているので短期間の転出入も少なくないだろうが，いずれの都市においても定常的に人口が増加しているので，転入者のうち一定数はこれらの都市に定着したと考えられる。とりわけ福岡市は，拡大団塊の世代の持家需要が落ち着いた後も，人口が増加しているので，ある程度の住宅需要が維持されている可能性が高い。以上から，福岡市は上記のような地方中核都

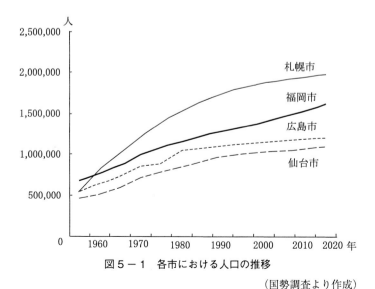

図５−１　各市における人口の推移

（国勢調査より作成）

市の人口構造上の特徴を明確に保持しており，地方中核都市の高齢化の様相を
検討する事例として適当であると判断した。

　本章では，まず福岡市の郊外地域における高齢化の状況を把握し，将来的に高
齢化と人口減少が進むと予想される地区を選択したのち，これらの地区において
高齢化と人口減少が避けられない理由を居住条件から読み解いていく。その上で
人口維持の点から住宅地としての持続が可能であるのかを，親世代が住み続けら
れる期間の長さと郊外で生まれ育った子世代の居住動向から検討する。

　ただし，こうした分析を行うにはクリアしなくてはならないデータ上の問題
がある。第1には，地方中核都市の郊外には現時点での高齢化の水準が低い地
区が少なからず混ざっていることにある。つまり，現在のデータのみで将来的
な地区の高齢化と人口減少の様相を分析することには限界が生じる。さらにい
えば，多くの郊外は行政界を跨いで広がっており，こうした特性がデータの扱
いを複雑にする。というのも，市区町村を単位とした分析では，行政界と現実
の郊外地域の範囲が齟齬をきたすこともあり，郊外のみをうまく切り取ること
が難しいのである。

　そこで，将来人口推計の手法を取り入れ，個々の住宅地を判別できる標準3
次地域メッシュ区画（約1km×1km）を基本単位とすることで上述の問題に対
処することにした[1]。具体的には，国土交通省が発表している1kmメッシュ
別将来推計人口データを用いて，福岡市[2]における将来的な高齢化の状況を
把握し，必要に応じて人口に関する国勢調査の3次地域メッシュデータを用い
て分析を行う。これにより，実態に即した郊外の範囲での分析が可能になる。

　次なる問題は，住宅地の実態や居住者の属性の検討には，大量の個人データ
が必要な点にある。こうした分析に耐えうる公的なデータは皆無に等しい。そ
こで，住民を対象にアンケート調査を行い分析に必要なデータを収集した。詳
細は次章にて述べるが，福岡市の郊外において早くに高齢化が進むと予想され
るのは，1970〜80年代に市の南西部と北東部に造成された住宅地である。そこ
で，この時期に造成された住宅地のなかで1,000前後の世帯数が確保でき，なお
かつ都心への通勤時間や公共交通へのアクセスなどの交通条件が等しい4地区
を，典型的な郊外地域と選定して調査を実施した[3]。

4．開発時期と高齢化の地域差

（1）　年齢別人口構成（人口ピラミッド）からみた特色

　日本が人口減少局面に入って久しいにもかかわらず，福岡市の人口は増加傾向にある。これを支えるのは社会増で，市には相当数の人口が転入している。こうした人口の社会増減は，景気の変動に左右されるきらいがあるが，同市では概ねプラスの状態が続いている。とりわけ，若い世代の転入数が，他の世代の転入数を上回る点が特徴的である（磯田，2004）。もともと大学や専門学校などの高等教育機関が多いうえ，企業の支店等が集積しているので，進学や就職などを契機として若者が転入しやすい土壌ではあったが，近年の市の経済状況が好調なことも影響しているとみられる。

　このことは，2020年の人口ピラミッドからも確認できる（図5－2）。進学にともなうと見られる10代後半から人口数が伸び始め，高等教育機関の卒業時にかかる20歳代前半でいったん減少に転ずるものの，30～40歳代にかけて再び持ち直している。総じて若者の割合が高いと判断してよいだろう。結果としてではあるが，彼らが転入したおかげで，同市は20～40歳代が，拡大団塊の世代を含む60歳代後半からの人口数を上回る年齢構成となっている。

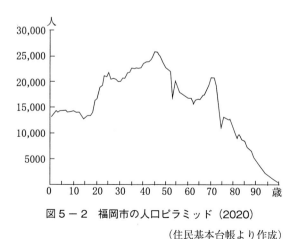

図5－2　福岡市の人口ピラミッド（2020）

（住民基本台帳より作成）

（2）傾斜と縁―開発年代の違いによる住宅地の特徴―

1）斜面と平地―開発主体と土地の起伏―

　大都市と同様に福岡市も拡大団塊の世代の需要を背景とする住宅不足を経験している。彼らの需要がまだ表立っていなかった 1945 ～ 55 年頃の福岡市は，主に日本住宅公団等の公的な機関によって住宅地の開発が進められ，新たな住宅は都心の周辺に供給されていた（藤田，1973）。この頃は都心からそう遠くない地区に余剰な空間が残されていたため，こうした地区に新たな住宅が供給できた。

　しかし，拡大団塊の世代のマイホーム需要が高まり始めると，都心に近い地区に新たな住宅地を確保することが困難になり，市の外側へと開発の波が広がっていった（大森ほか，1994）。住宅需要が逼迫し始める 1960 年代以降になると，市に隣接する春日市・太宰府市・那珂川町（2018 年より市へ移行）では，田畑や丘陵，時にはため池までもが新たな住宅地へと姿を変えた。しだいに周辺の市や町は福岡市のベッドタウンに組み込まれ，鉄道と張り巡らされたバス路線により福岡市の都市圏は拡大した。この時期に造成された住宅地の多くは，民間事業者の手によるものであった[4]。

　ここまでの流れは東京大都市圏でみられた，住宅需要の増加に後押しされた郊外拡大の動きとさほどの違いはない。しかし，住宅地が造成された地形に関していえば，東京圏と福岡市では異なっていた。平野が広がる東京圏とは異なり，福岡市は平地の少ない地形である。同市の市街地を扇に例えるならば，弧の部分は海に，親骨の部分は丘陵に囲まれた地形になるため，市街地を水平方向に拡大するには限度があった。1970 ～ 80 年代前半に開発された住宅地の多くが，丘陵地を切り開いて造成されたのも，こうした地形上の特性からであろう。それゆえこの時期に造成された住宅地には，急な傾斜を持つ道路に住宅が雛壇形にならび，さらに住宅の入り口まで相当数の階段を上がらなくてはならない構造の住宅が多い。つまり，それ以前に開発された公的機関の住宅地が比較的平坦であったのに対して，その後に造られた民間の住宅地は傾斜地にあるものが多いという，開発事業者の違いがそのまま住宅地の特徴に反映された今日的な状況が生み出された（藤田，1973）。

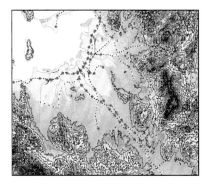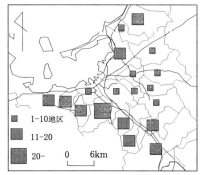

1-10地区
11-20
20-
0   6km

図5-3　福岡市周辺の地形イメージと1970～1973年に造成された住宅地

(住宅地の分布は藤田(1973)をもとに作成)

注)市区町村別に示してある。

2) 外から内へ—開発年代と住宅地の分布

　開発年代の違いは住宅地の分布にどのような特徴を与えたのだろう。藤田 (1973) の研究から，1970年代前半に造成された住宅地の分布を地図化してみると，70年代は市の北西から南東の丘陵が連なるエリアで開発が盛んであり，市の外側方向に向かって開発が進んでいたことがわかる (図5-3)。

　ところが，1980年代になると開発の方向軸が変わる。住宅需要が落ち着き始めたことや海岸部に埋立地が造成され空間用地が広がったこと，さらには都心と丘陵の間に残されていた水田などが，法改正にともなって住宅用地への転用が可能になったことが重なり，平野部に新たな住宅地が供給されるようになった。

　年代が進むにつれて内側から外側方向へと開発が進んだ東京圏とは異なり，福岡市では外側から内側へと開発の方向軸が変化した。つまり，80年代に造成された住宅地は1970年代よりも都心に近く，地形的な条件も丘陵地から平野部へと住宅地の様相が大きく変わったとみてよいだろう。

　1990年代以降になると，地価の高騰が収束したことや都心付近の土地が市場に開放されたこと，また高層の集合住宅の建設が技術的に可能になったことなどが相まって，平野部に多くの集合住宅が供給され，80年代よりもいっそう都心方向へと開発の軸が動いている。このことは数値上でも確認できる。2003年の住宅・土地統計調査報告において，都心に位置する博多区と中央区

128 ——◎

の専用住宅戸数の建築年代をみると，全専用住宅戸数（181,260 戸）のうち 33%
が 1990 年代に建てられており，1980 年代の同値 29% よりも高い値を取る。一
方，市の周辺に位置する東区・西区・南区・早良区・城南区の同値は 130,530
戸で，このうち 1980 年代に建てられた住宅は 31% と 1990 年代の 29% とほぼ
同水準である。このことは，都心にある区では 1990 年代の住宅供給が盛んで
あったことを意味する。さらに付け加えるならば，90 年代以降に建設された
住宅は概ね平坦な地形にあり，鉄道駅や都心に近いなど公共交通へのアクセス
や生活の利便性もよいという特徴がある。

　こうした供給動向の変化は人口の分布からも確認できる。地域メッシュデー
タはほぼ住宅地単位での人口増減を把握できるので，この特性を利用し，1 メ
ッシュの人口が大幅に増加した時期を新たな住宅地への入居開始期とみなせ
ば，住宅地が造成されたおおよその時期を推測することができる[5]。図 5 - 4
には，1970 年代と 1990 年代に 1 メッシュあたりの人口が 10 年間で 2,000 人以
上増加したメッシュ，つまり新たに住宅地が造成されたと考えられる地区を示
した。これによると，1970 年代は市の北西から南東に広がる丘陵地において，
人口が増加していたことがわかる。

　1970 年代は福岡市の住宅需要が最も増大した時期であった。新たな住宅の

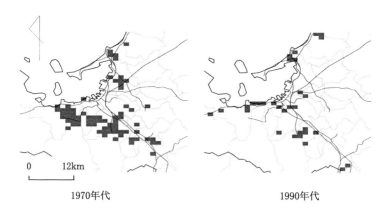

図 5 - 4　1970 年代と 1990 年代に人口が 2,000 人以上増加したメッシュ
（国勢調査より作成）

供給が待ち望まれていたものの既成市街地はすでに飽和状態にあり，新たな住宅地を造成する空間的な余裕はあまりなかった。市街地が広がる平野部には多くの水田が残されていたが，当時の法律では農業用地から宅地への転用ができず，都心周辺に残されていた空地に新たな住宅を造成することは事実上不可能であった。そうであるがゆえに，開発の手が平野部の縁に広がっていた丘陵地へと伸ばされたことは，当然の成り行きでもあった。こうして，丘陵地の斜面は切り開かれ，新たな住宅地が造成された。この時期の住宅地を現すキーワードをあげるとすれば，傾斜地・市の縁・戸建住宅となるだろう。

　ところが1990年代の図をみると，海岸部ないしは西鉄薬院駅や博多南駅のような都心地区や，郊外の鉄道駅に隣接する地区など，交通や生活の利便性が高いエリアで人口が増加している。以上のように福岡市における住宅地供給のトレンドは短い周期で変わっている。ともあれ1970年代の福岡市において新たに供給できた住宅地の多くが，市の縁辺部にあったことは間違いないだろう。福岡市は扇状の丘陵に囲まれた地形であるがゆえに，郊外地域の面的な拡大は丘陵に阻まれる。この地に住宅を供給しようとすれば，丘陵を削るかその縁を辿るように帯状に伸びざるを得なかった。はからずしもこの時期に造成された住宅地の多くは，傾斜や雛壇状の段差といった地形的な制約に囚われることになった。

（3）どこが高齢化するのか

1）将来人口推計からみた空間的な特徴

　福岡市において高齢化が進んでいるのはどこか。図5－5は，2020年と2030年の高齢化率を，国土交通省の将来人口推計をもとに地図化したものである。これによると，2020年時点では，福岡市の郊外に相当する丘陵地，行政区でいえば南区・城南区・東区・早良区・那珂川市・春日市・太宰府市において，高齢化の水準が高いエリアが確認できる。郊外にあるが，戸建ではなく集合住宅が集中する南西地区の一部では，他よりも高齢化が進んでいるエリアもあるが，概ね平野部は高齢化の程度が低く，市の縁に当たる郊外で高齢化が進んでいることがわかる。

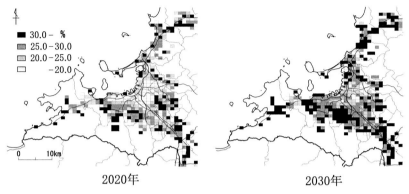

図5−5　福岡市とその周辺地区の高齢化率

（国土交通省　国土数値情報1kmメッシュ別将来人口推計データより作成）

　では，2030年はどうか。都心付近の高齢化の進み具合が緩やかであるのに対して，丘陵部にある郊外地域には高齢化の程度が高い地区が目立つようになる。なかでも，都心からの距離が遠い縁辺部や鉄道路線から離れるほどに，高齢化が進行すると予測される。

　都心から一定の距離にある住宅の高齢化が，そうでない地区よりも早くに進むことは，先に長沼ほか（2006）で検討した東京大都市圏と同様である。東京大都市圏の郊外地域における高齢化の地域差は，大局的には都心からの距離に影響されていた。しかし，ミクロな視点でみると，急速に進む地区とそうでない地区が入り混じって分布していた（藤井・大江，2003）。こうしたモザイク状の分布になるのは，鉄道駅との位置関係や生活インフラの利便性のような住宅地としてのポテンシャルが，地区の高齢化に大きな影響を与えるからである。そのうえ，こうした住宅地としての優位性は時間の経過とともに変化する。したがって，ある時点の高齢化率を地図化した際には低い値を示した地区であっても，時間の経過とともに高い値を示す地区へと変わることもある。

　ところが福岡市の場合はこうした時間的な揺れが少ないという特徴がある。実際，高齢化の程度が高いと予想される地区は，市の北西部から南東部の丘陵地帯にほぼ固定されている。この帯状のエリアは，1970年代に新たに住宅地が造成され，人口が急増した地区の分布とほぼ一致する。つまり，福岡市は東

京大都市圏とは異なり，高齢化の程度が著しい地区が，それほど大きくは変化しないと考えられる。

2）開発年代の違いと高齢化の地域差

　新しく造成された戸建の分譲住宅地は，いったん住民が入居するとその後の住民の入れ替えは起こりにくい傾向がある。そのため，こうした地区の人口ピラミッドを描けば，親世代と子世代にピークを持つフタコブラクダのような形になる。もちろん，地区外から新たな住民が転入すれば地区の年齢構成は変化する。しかし，住宅地としての競争力に欠ける郊外住宅地では，新たな住民が大量に転入する事態はなかなかに想定しづらい。したがって，新たな開発事業が行われるだとか，鉄道駅が敷設されるといった，地区における人口の転出入バランスが激変するような事態が起こらず，いずれ子世代が離家することを前提とすれば，現在の住民の年齢構成を分析することによって，住宅地の高齢化をある程度予想することができる。

　そこで，地域メッシュデータを利用して住宅需要が増加した 1970 年代と 1990 年代に，人口が 2,000 人以上増加したメッシュの 2000 年時点における年

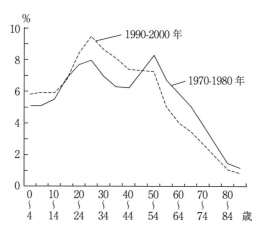

図 5 － 6　1970 年代と 1990 年代に人口が増加したメッシュの人口ピラミッド

（国勢調査より作成）

注）1970 ～ 1980 年，1990 ～ 2000 年に 2,000 人以上人口が増加したメッシュの平均

132 ——◎

齢構成を算出し，それぞれの平均年齢構成を比較した（図5－6）。まず1970年代のピラミッドだが，親世代と子世代に該当する年齢にピークがある形状をしている。これは住民が一時期に住宅地に入居した後には，新たな住民の転入があまりなかったことを意味する。まだ多くの親世代は65歳以上に達しておらず，子世代も離家前であるため，高齢化はさほど進行していない。しかし，こうした年齢構成の地区では，新たな住民の転入がある程度の規模で起こらなければ，親世代の加齢と子世代の離家にともない高齢化ひいては人口減少が進む。

　対照的に1990年代に人口が増加した地区では，20〜25歳にピークがあり50〜55歳までは緩やかなカーブを描いている。1990年代に人口が増加した地区は，賃貸住宅の供給も盛んであったこともあり，住民が特定の年齢層に偏らない形状となった。年齢構成だけをみれば，ある程度は地区人口の入れ替わりと維持が可能であるとみられるので，高齢化と人口減少は抑制されると考えられる。また，90年代以降に供給された住宅の多くは，都心付近や鉄道駅の周辺に立地する。現地を踏査すると賃貸向けの集合住宅が多いうえ，都心に近く交通の利便性が高いことに気が付く。また，単身者や夫婦のみ世帯を対象とした間取りの物件も，賃貸・分譲を問わず多く供給されていた。おそらく，図に表れた20歳代前半を中心とした若者層の膨らみには，賃貸住宅の居住者が相当数含まれている。彼らが賃貸のまま住み続けるのか，住宅取得のために地区外へ転出するのか，彼らの居住に関する選択がこの地区の高齢化と人口維持の程度を左右するだろう。しかし，地区の年齢構成が現状のまま続くと仮定すれば，この時期に供給された住宅地は，1970年代に供給された住宅地と比較して，高齢化と地区人口の減少が緩やかであろうことは想像に難くない。

　1970年代に供給された住宅地は，丘陵地を切り開いて造成された開発経緯を持つがゆえに，市の縁辺部にあるというだけでなく，相当な傾斜地に立地するものも多い。また，戸建分譲住宅が多い地区は，住民の入れ代わりが起きにくい土壌にある。ましていわんや住宅地としての条件が芳しくなければ，住宅の更新は進まず住民の入れ替えもそう期待できない。これに対して，1990年代に供給された住宅地は，都心周辺の交通や生活の利便性がよい地区にあるうえ，

賃貸住宅の供給もある。そのため，20 ～ 60 歳代という広い年齢層の住民が地区に居住しており，住民の入れ替えも活発であるとみられる。こうしたメカニズムが想定できるとすれば，福岡市においては，住宅の開発年代の違いが高齢化や地区人口の維持の程度にそのまま反映されるであろうという予測が導かれる。

　近年は，交通や生活の利便性が高いなど若者の需要にマッチした賃貸住宅や分譲住宅の供給が盛んである。居住面積と引き換えにすれば，都市のどこに住んでも経済的な負担は大きくは変わらない。若者は住むところを選択できる。

5．郊外で育った子世代はどこに住むのか
─子世代の居住動向と高齢化─

（1）住宅地の状況と住民像
　福岡市は博多や天神のある都心ほど低平であり，郊外に向かうほど標高が上がる。都心から 10 km 程度を過ぎたあたりで丘陵地となり，その背後は山地となる地勢条件にある。高齢化と人口減少が進むと予測される 1970 年代に造成された住宅地の多くは，この丘陵地にある。

　交通や生活の利便性に加えて，都心付近に新たな住宅が供給されている状況を考慮すると，こうした住宅地に新たな住民がそれなりの数で転入してくる可能性はそう高くない。もちろん，幹線道路や鉄道駅の近くであれば，住宅の更新が行われ新たな住民を獲得することができるだろうが，そうした地区は限られる。したがって，あまり芳しくない条件の住宅地において，高齢化に歯止めをかけてくれる可能性が高いのは，この地で育った子世代である。郊外第二世代と呼ばれる彼らが地区内に残留もしくは離家した後に帰還してくれるか否かが，こうした地区の人口動態を左右する。

　彼らがどこに住むのかを探ることが，地区の高齢化や人口減少の程度を考えるうえで欠かせないのだが，子世代の居住動向を検討できるデータを公的に得ることはまず不可能である。そこで，住民を対象にアンケート調査を実施することで，独自にデータを収集することにした。

134 ——○

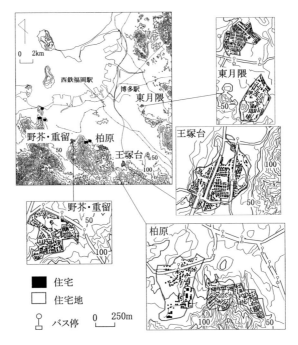

図 5 - 7　調査地区
(1/25000 の地形図より作成)
注）図には等高線を記してある。

1）アンケート調査と地区の概要

　調査は，福岡市南区柏原地区，博多区東月隈地区，早良区野芥・重留地区，那珂川市（調査当時は町）王塚台地区[6] において行った（図5 - 7）。2006 年 8 月の 17 日と 18 日にこれらの地区の全世帯（計 3,725 世帯）に調査票を郵送で配布し，郵送によって回収した。回収数は 608，回収率は 16.3% で，主な調査内容は，世帯主の個人属性や子世代の離家と居住動向などである。得られたデータの代表性を確認するために，住民基本台帳から得られるデータとアンケート調査から想定される各地区の住民[7] の年齢別人口構成を比較した。その結果，若干ではあるがアンケート調査の人口ピラミッドでは若者層が少なく親世代が膨らむ形となった。しかし，ここで主な対象とするのは 1970 〜 80 年代頃に造成された住宅地に入居した住民であるので，こうした若干のバイアスは分析に

写真5-1　雛壇状に造られた住宅地と入り口までに階段がある住宅の例

(著者撮影)

用いるデータを注意深く扱うことで対応できると判断した。それでは，各地区の高齢化と住宅地の様子をみていこう。

① 柏原地区

　福岡市の南部に位置し，1983年に民間業者によって造成が開始された住宅地である。調査時点（2005）の世帯数と人口は1,041世帯，2,751人（住民基本台帳による。以下同じ）で，2021年のそれは1,302世帯，3,018人である。2020時点の高齢化率は31.3%となっている。なお福岡市の高齢化率（2021）は22.0%である。

　柏原地区の大部分は斜面を切り開いて造成された。そのため，宅地は雛壇状に整備され，住宅は段々の土地に並んで建てられている。住宅の入り口が道路から数mの階段を登ったところにある造りも珍しくない（写真5-1）。幹線道路に面した地区には，新たな住宅の供給があり住民の転入や入れ替わりがあるが，古くからある傾斜地の上部では空家や空き地が確認できる。

　身近な公共交通としてはバス交通の利用が盛んである。最寄りの鉄道駅は，通勤線である新幹線の博多南駅[8]もしくは西鉄大牟田線の高宮駅であるが，どちらの駅へも自動車で15〜20分程度はかかるので，バスで駅まで行きそこから鉄道を利用するものも多い。いずれにしろバスや鉄道を利用して都心に出るには1時間程度は必要である。

② 王塚台地区

　福岡市に隣接する那珂川市（当時は町）に位置し，地元の大手鉄道・バス

会社によって1978年に分譲が開始された。869世帯2,593人（2005）の住宅地であったが，2021年時点の世帯数は991世帯で人口は2,325人となっている。2021年の高齢化率は41.4%である。なお，那珂川市の高齢化率（2021）は23.8%である。水田に囲まれた丘陵地に造成され，柏原地区と同様に多くの住戸は街路から長い階段を登らなくては，敷地内に入ることができない。最寄り駅は博多南駅であるが，バス路線の利用も盛んである。住宅地の中央にバス路線が通っており，福岡市の都心である天神や博多地区に向かう路線は路線の数・発着本数ともに充実している。都心に向かうには1時間程度はかかる。

③　東月隈地区

　博多区にあり，1967年から分譲が開始された。919世帯2,368人（2005）であった世帯数と人口は，2021年には989世帯，2,226人へと変化している。2020年の高齢化率は38.4%である。

　他地区と同様に斜面を利用して造成されたので，地区の道路には急な勾配があり，玄関にいたるまでには相当数の階段を上らなくてはならない住宅も多い。主要な公共交通機関はバスであるが，バス停があるのは斜面を下った住宅地への入り口にあたる幹線道路沿いだけであるので，自宅の位置によっては，バス停に着くまでに徒歩で十数分を要する。天神や博多への通勤には1時間程度を要する。

④　野芥・重留地区

　野芥は1975年，重留は1981年に民間事業者が開発した住宅地である。2005年の世帯数と人口は903世帯（2,735人）で，2021年の同値は1,152世帯（2,608人）である。2020年の高齢化率は35.9%である。地区は丘陵の斜面にあるので，住宅地内の道路には傾斜があり，多くの住宅は階段状に並んでいる。公共交通としてのバス路線があるが，幹線道路のみを走るため，住宅の位置によっては，バス停まで10〜20分かけて斜面を上り下りする必要がある。都心にあたる天神や博多地区へは公共交通を利用して1時間程度は必要である。

　なお，人口が増加している地区もあるが，福岡市と那珂川市の高齢化率（2021）が22.0%と23.8%であるので，これと比較してみるといずれも高齢化が進む地区であることがわかる。

2）調査データからみた住民像

　以上から調査を行った4地区は，住宅地としての条件はほぼ同じであるとみてよいだろう。では，4地区の住民像に差異はあるだろうか。彼らが似通った住民属性であるのならば，アンケート調査から得たデータを郊外住宅地に住む住民のデータとしてひとまとめにして扱っても問題はない。しかし，地区による差が著しいのであれば補正等が必要になるので，データの相違について検討しておきたい。

　アンケートの回収率は21 〜 29%と地区による大きな隔たりはなかった（東月隈地区27%，野芥・重留地区23%，王塚台地区29%，柏原地区21%，N=608）。調査時点において，約7割の世帯主は特定の年齢層（50 〜 74歳）に属していた（東月隈地区74%，野芥・重留地区78%，王塚台地区79%，柏原地区66%，N=605）。1930 〜 40年代生まれの拡大団塊の世代の同時点の年齢を推計すると，およそ56 〜 77歳となるので，調査地区の郊外住宅地に入居しているのも，概ねこの世代とみなして差し支えないだろう。福岡市においても，拡大団塊の世代が選択的に郊外住宅地に入居していたことは，東京大都市圏と共通している。

　現在の都市の近郊に広がる郊外住宅地の多くは，職住が分離している。そのため，居所から勤務地まで通勤するライフスタイルを取る世帯が少なくない。調査地区の世帯主の勤務地は，福岡市における最大の業務地区である天神・博多地区である者（かつて通勤していた者も含む）が，いずれの地区においても最大であった（東月隈地区47%[9]，野芥・重留地区37%，王塚台地区35%，柏原地区37%，N=605）。天神・博多地区に事務やサービス系の業務形態が集中することを考えれば，彼らの多くがホワイトカラーである可能性が高い。したがって，彼らは郊外から都心へと通勤している給与所得者であると考えられる。

　しかし，時間の経過とともに，彼らの世帯構成は変化している。入居当初は「親と独身の子」が約7割（66%，N=597）で「夫婦のみ」の世帯はそれほど多くなかった（15%，N=597）。しかし，住宅地の造成から数十年経った調査時点では，「親と独身の子」世帯は3割程度（31%，N=574）となり，「夫婦のみ」世帯が約半数（45%，N=574）を占めるようになる。この頃から，進学・就職・転職・結婚等により子世代の離家が進んでいたことがわかる。

　さらに10数年が経過した現在の世帯構成はどのように変わっただろうか。残念ながら調査地区における2020年の世帯構成を知る個別データはないが，福岡市に関しては町丁目ごとに世帯員数別世帯数（住民基本台帳）が公表されているので，これを利用して近年の世帯構成を推測することができる。このデータによれば福岡市にある3地区はいずれも，世帯員数2人の世帯が15%程度（東月隈地区17.4%，野芥・重留地区15.7%，柏原地区16.2%）で，1人の世帯（単身世帯に相当すると考えられる）が50%（東月隈地区・野芥・重留地区・柏原地区いずれも50.0%）であった。2人世帯には「親と子」の世帯も含まれるが，地区の高齢化率を勘案すると「夫婦のみ」から「単身」世帯へと移行している可能性が高く，いっそう子世代の離家が進んでいると考えられる。

　最後に彼らの社会階層に目立った違いがあるのかを確認しておきたい。社会階層を測る指標はさまざまであるが，ここでは世帯主の最終学歴から検討を行ってみたい。最終学歴が高等学校卒業である世帯主は，東月隈地区が約5割，そのほかの地区は3～4割であった（東月隈地区49%，野芥・重留地区40%，王塚台地区42%，柏原地区33%，N=578）。一方，大学卒業である者は，東月隈地区が約3割で，その他は4～5割であった（東月隈地区29%，野芥・重留地区41%，王塚台地区44%，柏原地区48%，N=578）。東月隈地区のみ高校卒業が大学卒業を上回る結果となったが，これは同地区の分譲が他の地区よりも早く，世帯主の年齢もやや高いことが影響していると考えられる。

　調査時における東月隈地区の世帯主の年齢の最頻値は65歳と，野芥・重留地区の57歳，王塚台地区の58歳，柏原地区の58歳と比較して7歳ほど高く，大学進学率に年代的な違いがあると考えられる。実際，調査時点において65歳であった男性の18歳時点の大学進学率は15%で（平成18年学校基本調査による。以下同），同時点における57～58歳の大学進学率22～24%よりも7～9ポイントほど低い。当時は急速に大学進学率が上昇した時期でもあった。これらを勘案すると，各地区の住民の社会階層に大きな差異はないと判断した。

　年齢と最終学歴以外の属性を4地区で比較しても，さほど顕著な違いは認められず，調査地区の住民属性に本質的な違いはないとみてよいだろう[10]。よって，これ以降の分析では住宅地のデータを区別せず，全体を一括して福岡市

郊外を代表する地域データとして扱う。

　では，福岡市の郊外に住む代表的な親世代の住民像を描いてみよう。彼らの過半は特定の年齢（55～74歳，N=605）に属し，このうち約7割（N=602）は1970～80年代に現住地に入居している。彼らの約8割（N=596）は居所がある行政区以外で就業し，通勤している（もしくはしていた）。都心地区で就業している者が4割程度（N=596）いるので，彼らは都心へ通勤する給与所得者であると考えられる。彼らの8割以上は通勤にバス交通を含む自動車交通を利用しており[11]，通勤時間は概ね片道60分程度である[12]。住宅は土地・建物ともに90％（N=605）以上が自己所有であり，多くは戸建住宅に居住する。

　ここから描ける代表的な親世代の姿は次のようなものであろう。拡大団塊の世代に相当する彼らは，郊外の丘陵地に造成された住宅地にマイホームを獲得する。彼らの多くは斜面や階段を上り下りしながら，1時間程かけて都心へと通勤していた。入居当初は，夫婦と子どもの世帯構成であったが，入居から数十年が経過すると，進学や就職等により子世代の離家が進み，夫婦のみや単身世帯への移行が進みつつある。

　このような住宅地では，子世代の動向が高齢化と人口減少の程度を左右する。子世代の動向を確認すると，アンケート調査時点において1,200人いた子のうち815人はすでに地区外へと転出していた。残り386人は地区内に残っていたが，この時点における同居子の多くは35歳以下と若かった（80％，N=360）。地区において，子世代が離家する契機の9割近くが，結婚・進学・就職であることから考えて[13]，彼らが将来的に地区外へと転出する可能性は高い。したがって，すべてではないにしろ離家した子世代が地区内に戻るか，新たな住民がそれなりの規模で地区内に転入してこない限り，親世代がこの地区を支える住民の中心となることは明らかである。

　幹線道路から離れ勾配が厳しい地区において新たな住民を獲得することは，そう容易ではない。郊外にあっても，交通の利便性が高い地区に新たな住宅が造成されている状況にあって，70年代に造られた住宅地が新たな住宅需要者に積極的に選択される要素は限られている。さらにいえば80年代以降は，都心に近い平野部が住宅供給の主流になっている。東京大都市圏の郊外では，

後に造成された住宅地のほうが住宅地としての競争力に乏しい地区が多かった。しかし，福岡市では 70 年代に造られた住宅地の方がそれ以降に供給された地区よりも，住宅地としての条件が厳しい状況におかれている。

　福岡市は比較的若い人が多い年齢構成であり，人口も増加傾向にあるので，一定程度の住宅需要は確保されている。しかし，「彼らがどこに住むのか」，はまた別の問題である。新たな住宅が都心に近く利便性も高い地区や，郊外にあっても駅の直近や幹線道路沿いなど交通条件がよいエリアに供給されていることを考えると，新たな住宅需要者が今なお市域の外縁をなす斜面タイプの郊外住宅を積極的に選択する理由は限られるのではないだろうか。

（2）親世代はいつまで住み続けられるか

　主要な住民である親世代が，現住地に自立して住み続けられる期間はどのくらいだろう。住み続けることを，ここでは生活ができることに落とし込んで考えてみたい。

　調査地区では，住民の約 7 割（N=569）は現住地に住み続けることを希望している。しかし，住み替えの意向を尋ねると，「住み替えを希望する」と回答する者が 3 〜 4 割程度（N=579）はいる。理由を問うてみると，生活面での不便さを指摘する回答が多く，「買物や病院など生活を送る上で不便がある，もしくは年をとった時不便になると思うから（36%）」とする回答や，「通勤・通学・通院が不便，もしくは年をとったときに不便になると思うから（19%）」など，消極的な理由が目立った [14]。このことから，住民が日常的に生活の利便性に問題がある，もしくは将来的に起こると認識していることがわかる。

　では，加齢後の生活で何が問題になるのか。調査地区の大部分は，都心から距離があり幹線道路や鉄道路線からも離れている。そのため，通勤や通学のみならず日常の買物や最寄りの鉄道駅への往復も，自家用車に依存する。アンケートによれば，住民の約 7 割（67%，N=635）が，日常的な買物や用事に自家用車を利用するとしており，生活の足として自家用車が不可欠な状況が伺える [15]。自家用車が利用できる状態ならば，買物に要する時間も片道 10〜 15 分であり著しい不便はない。しかし，加齢などにともなう身体的な不都

合から運転が困難になると状況が一変し，買物や通院などの日常生活に対する負担度が相当に上がる。

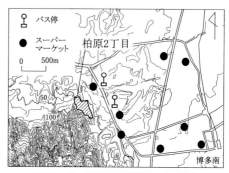

図5-8　柏原地区付近のバス停と
スーパーマーケット

（1/25000の地形図および現地調査より作成）

例えば買物である。自家用車を利用せずに，日々の生活に必要な肉・魚・野菜等の生鮮品を購入しようとすると，どのような事態に遭遇するのかを詳細調査地区のひとつである柏原地区でシミュレーションしてみたい（図5-8）。地区では，スーパーマーケットで生鮮品を購入するのが一般的である。自宅が地区の縁にある雛壇状の住宅だと仮定し，スーパーマーケットまで買物に行く過程を記述してみよう。まず，自宅から出るには道路まで数メートルの階段を降りなければならない。次に急勾配の坂道を下り，バス停のある幹線道路まで10〜20分程度歩く。その後，5〜10分程度バスに乗り，生鮮品を扱うスーパーマーケットに行き買物を行う。そこから自宅に帰るには，同じルートの坂道を登り，さらに数メートルの階段を，荷物を持って登らなくてはならない。

身体的な不都合がなければ，傾斜や階段はそれほど苦にはならないだろう。しかし，加齢により，足腰が弱ったとすればどうだろう。おそらく，宅配等のサービスを利用したとしても，生活必需品の入手に億劫さを感じるようになるのではないだろうか。なにより，外出を躊躇するようになれば，日常の買物がもつ楽しみの役割もなくなり，運動量も低下する可能性がある。いうまでもなく，通院や役所への外出等においても同様の事態が起きる。その結果として，急傾斜の斜面に建つ住宅では，平地と比較して自立して生活できる期間が短くなる恐れが否めない。

自家用車の運転が困難になったときに，代替の移動手段として期待されるのが公共交通である。この地区ではバス交通が主となる。一部の地区では補助金を活用したコミュニティバスが乗り入れているが，それ以外の地区では住宅地

の斜面を下りきった幹線道路にしかバス停はない。そのため，バスを利用する
には，先に見たような相当のアップダウンや傾斜のある道路や階段を行き来す
る必要がある。もちろん，加齢にともなう身体的な能力の衰えには個人差があ
る。しかし，今後数十年の内には，自家用車の運転が困難になる住民が増加す
ることは想像に難くない。自家用車が運転できるのならば，この地における生
活に大きな支障はない。しかし，運転ができなくなると途端に生活の利便性は
低下する。そうしたときにいつまで過不足なく生活できるか。経済的に余裕の
ある世帯ならば，地区外に転出する可能性もある。

　親世代が住み続けられる期間がなぜ重要なのか。それは都市空間の維持と関わ
っている。人は移動できるが，地域はそこに取り残される。現在の人口動態と住
宅需要の動向からいえば，郊外においては，親世代が地区の人口維持にはたす役
割は大きい。ある意味，彼らの存在が地区の人口を支えている。そうした彼らに
できるだけ住み続けてもらうには，彼らの自立した生活を支える公的なサービス
の充実やきめ細やかなサポートが必要になるかもしれない。

（3）子世代はどこに家を買ったか

　郊外で育った子世代はどこに家を買ったのか。福岡市の人口は増加傾向にあ
るので，一定数の住宅需要は確保されている。しかし，海岸の埋立地における
大規模住宅開発や新たな地下鉄の開通により福岡市の通勤圏は面的に拡大して
いる。それだけでなく，都心や郊外の中でも鉄道駅の直近など，住宅地として
の競争力が高い地区に次々と住宅が供給されている。

　とりわけ，2000年以降は周辺区（東区・南区・西区・城南区・早良区）ではなく，
都心区（博多区・中央区）における住宅の供給が目立っている。このことは都心
区と周辺区にある住宅数の建築年代からも明らかである。各区内にある全住宅
を母数として2001〜15年に建てられた住宅の割合をみると，周辺区では3割
程度（29.9%，N=524,290）であるが，都心区では4割近く（38.2%，N=268,010）に
達する[16]。

　これは，新たな住宅の主要な需要者である若い世代が，住む場所に対する選
択肢を複数得ていることを意味する。彼らはどこに住むのかを選べる。賃貸住

宅に居住している若い世代が住宅取得に動くとき，老朽化した住宅が立ち並ぶ郊外縁辺部の住宅地を積極的に選ぶだろうか。おそらくその可能性は高くない。郊外は住宅の価格面で有利ではないのか。一理ある。しかし，世帯人数が縮小傾向にある現状では，居住面積の減少と引き換えに，生活や交通の利便性の高い地区に郊外と同等の負担で住宅を購入できる。このことについては後の章で述べるが，経済的な負担でいえば，都心付近の利便性が高い地区の集合住宅と郊外の戸建住宅ではそれほど変わらないのである。

　先にみたような，郊外の縁辺部にある住宅地は，住宅地としての競争力に乏しいものが少なくない。現実的に郊外外縁部の住宅地に転入してくる可能性が最も高いのは，離家した子世代が実家に戻ってくるか，その近隣に住宅を購入するケースである。そこで，郊外で育った子世代がどこに住宅を購入するかという点について若干の考察を行ってみたい。こうした疑問に答えるには，郊外住宅地で育ち離家した子世代の住宅取得行動を把握しなくてはならないが，こうしたデータを公的に得ることはほぼ不可能である。しかし幸いにしてアンケート調査時点において，すでに住宅を購入していた子世代が子世代全体の４割ほどいた。そこで，このデータを利用して子世代の住宅取得動向を予想してみたい。

　当該地区での子世代と親世代の同居もしくは近居には，３つの選択肢が考えうる。一つは実家に住み続けるパターンである。しかし，調査地区の子世代は，進学・就業・転職・結婚などを契機として離家する傾向が高く，一度も離家しない者は皆無ではないにしろ大勢を占めるとは考え難い。したがって，この選択肢は地区の実情を反映するものではないだろう。

　もう一つは，離家した子世代が実家の近隣に住宅を取得するパターンである。彼らがどこに住宅を購入したのかを確認してみると，該当者303人のうち６割程が，福岡県内に住宅を購入していた（表５−１）。しかし，実家の近隣に住む者は１割程度で，約半数は福岡市の他区や福岡市以外の県内に住んでいる。これに福岡県外で住宅を取得した者を含めると，８割近くは実家の近くではなく離れた地区に住宅を購入している。実家の近くに住宅を購入する子世代も一定数はいるが，全体としてはそう多くはなさそうである。

　最後は，いちど離家した子世代が実家に戻ってくるパターンである。これに

表5－1　　別居子の居住地

(%)

所有形態	近隣	天神・博多	天神・博多を除く自区・町内	左記以外の福岡市	左記以外の福岡県	福岡県以外の都道府県	総数
持家	12.2	3.0	4.3	21.8	21.5	37.3	303
賃貸住宅	10.6	4.4	5.6	19.2	13.9	46.3	339
給与住宅など	0.0	2.2	0.0	14.6	15.7	67.4	89
その他	4.2	0.0	4.2	16.7	8.3	66.7	24
全体	9.8	3.4	4.4	19.6	17.0	45.8	755

（アンケート調査より作成）

は2つのケースが想定できる。離家後，比較的早い時期に実家に戻り，多世代で居住するケースと，親世代が施設に入居した等の理由で空いた実家に子世代が戻ってくるケースである。いずれの場合も，老朽化しつつある住宅の状況からみて，住宅のリフォームや建て替えは不可欠となる。まず多世代での居住から検討してみよう。多くの親世代の住宅は，面積的には多世代住宅の建築が可能である[17]。また，多世代住宅への建て替えは，親世代の土地を利用できるので子世代の経済的なメリットは十分にある。しかし，都心近くや駅の直近のような生活の便のよい地区に，数多くの住宅が供給されている状況を考えれば，積極的にこの選択肢を選ぶ者はそう多くはないだろう。

　では，空家となった実家に子世代が戻ってくる可能性はいかばかりであろう。実家が空家となるのは，親世代が相当な高齢になってからである。親世代が80歳前後に達する頃には，子世代も50歳前後になっている。ここでは，子世代がいつ住宅を購入しているのかが鍵になる。子世代の居住形態を年齢別に示した表5－2によると，30歳代半ばまでは，戸建・集合を問わず住宅を取得している者は25％以下と多くはない。しかし，30歳代半ばを過ぎたあたりから次第に持家率が上がり，50歳代前半では9割近くが住宅を取得し終えている。つまり，実家が空家になる頃には，子世代はすでに住宅を取得している可能性が高い。子世代が親世代を呼び寄せることはあっても，実家を建て替えてまで戻ってくるメリットは想定しづらい。結局のところ，一旦，離家した子世代が実家やその近隣に戻ってくる可能性は，そう高くないと考えざるを得ない。もちろん，こう

表５－２　別居子の住宅取得時期と所有形態

(%)

年齢	持家			賃貸			給与住宅など	その他	総数
		一戸建	集合住宅		一戸建	集合住宅			
～19歳	16.7	8.3	8.3	50.0	0.0	50.0	8.3	25.0	12
20～24歳	2.9	0.0	2.9	68.6	2.9	65.7	17.1	11.4	35
25～29歳	11.5	5.2	6.3	62.5	3.1	59.4	24.0	2.1	96
30～34歳	24.6	14.0	10.5	59.6	2.3	57.3	12.3	3.5	171
35～39歳	45.9	23.5	22.4	40.8	5.1	35.7	11.2	2.0	196
40～44歳	54.3	32.3	22.0	34.6	5.5	29.1	7.9	3.1	127
45～49歳	68.4	35.5	32.9	22.4	3.9	18.4	7.9	1.3	76
50～54歳	88.9	59.3	29.6	11.1	0.0	11.1	0.0	0.0	27
55～59歳	76.9	76.9	0.0	23.1	7.7	15.4	0.0	0.0	13
60歳～	100.0	100.0	0.0	0.0	0.0	0.0	0.0	0.0	3
全体	40.2	22.9	17.3	44.8	3.8	41.0	11.8	3.2	756

（アンケート調査より作成）

した地区に何らの地縁を持たない若い世代が，新規に大量転入することは，幹線道路に近いなど利便性にすぐれたエリアを除けば，あまり期待できないだろう。

６．住宅地の選別

　福岡市は人口が増加傾向にあり若者も多く，経済的な発展も進んでいる。一見すると，高齢化や人口減少の問題は少ないようにみえる。しかし，郊外地域に限っていえば，長期的な展望をもって地域のあり方を考える段階にあるように思える。

　高度経済成長期を支えた拡大団塊の世代に，マイホームを提供してきた郊外住宅地の中には，立地の特性から土地の勾配や公共交通の利便性に難を抱えているものもある。ひとたび自家用車という移動手段を失うと，陸の孤島に近い状態になりうる危険性のある地区もある。なかでも丘陵部にある住宅地は，親世代が自立して生活できる期間が，大都市あるいは地方都市の平地上にある住宅地と比べて短くなる可能性が否めない。

　細かな地域差や時差はあるが，大局的にみればこうした住宅地の多くは，数十年後には高齢化と人口減少が進む事態に直面することが避けられないだろう。地区の人口が減少すれば，彼らを顧客としていたスーパーマーケットなど

の商業施設も経営が困難になる。すでに東区の郊外住宅地では,「スーパーマーケットが近くにあったからここに家を買ったのに,お店が撤退して困っている」事態も生じている[18]。地区の人口維持という点からみると,こうした地区の中には住宅地としての持続性が危ぶまれるものが現れる可能性がある。こうした状況を考え合わせると,郊外の今後について,次のようなシナリオを想定することができる。

　福岡市の郊外は地形的な制約から東京のような平野部の郊外と比較して,より深刻な問題を生じさせる懸念がある。住宅地としての機能を持続できる期間の短さである。新たな住民が継続的に地区内に転入する可能性が低い以上,住宅地を維持管理できるのは親世代である。したがって,このような地区では,親世代が住み続けられる期間の長短が,住宅地としての機能を持続できる期間と直接的に結びつく。

　福岡市の郊外で高齢化が進むと予測される住宅地の多くは,斜面と紐付けられた環境にある。例えば,住宅と道路の関係もそれである。住宅と道路は急な階段で繋がれ,バス路線がある幹線道路に出るには,急傾斜の道路を上り下りしなくてはならない。さらにいえば,住宅地内の道路は急傾斜であるだけでなく,車2台がすれ違うことができない道路幅のところも少なくない。都心へ向かうには幹線道路を使用しなくてはならないが,こうした道路は交通量が多く,視覚や運転能力が低下するようになると,自家用車の運転が難しくなる。つまり,日常の足として自家用車を利用できる期間が,平坦で交通量の少ない地方都市などの高齢者と比較して短くなる可能性が否めない。

　自家用車が運転できなくなったとき,代替手段として期待されるのが公共交通であるが,主要な公共交通であるバス路線は,幹線道路まで降りなくては利用することができず,自家用車の代替として機能するとは考えがたい。そのため,縁辺部にある住宅地では,住民が自家用車の運転ができなくなった時点で,自立して生活することの難易度が上がる。そうなれば,生活上のサポートを必要とする者や経済的に余裕がある者は,他の住みやすい地区や施設へと移動するだろう。

　そうしたとき,残された地区はどうなるのか。子世代のみならず親世代までもが地区外へと転出すれば,当然のことながら空家や空き地が増加する。さら

に状況を複雑にしているのが，こうした郊外にいるのがほぼ同じ年齢層に属する拡大団塊の世代であるという事実である。彼らが地区人口の担い手から外れる時期が，軌を一にする可能性が高い。つまり，一時期に集中して空家や空き地が現れる危険性がある。新たな入居者が現れなければ，こうした住宅地が荒廃することも危惧せざるを得ない。ただし，それがどのような空間パターンを取るのかは，地区の持つ地形条件や住宅開発の歴史に左右される。大都市圏のようにモザイク状になる場合もあれば，市街地の拡大に地形的な制約のあった福岡市のように一部の地域にまとまって現れる場合もある。

　こうしたシナリオがすべての郊外に当てはまるわけではないが，福岡市は都市規模の拡大に，交通インフラの整備が追いついていないという問題を抱えている。大都市圏とは異なり本格的な郊外鉄道網が形成されてこなかった同市では，郊外から都心へと人々を輸送する手段が，バスや自家用車といった自動車交通に依存している面がある。現状，都心付近や郊外でも駅の直近といった利便性の高い地区には，次々と住宅が供給されている。こうした状況を鑑みるに，程度の差はあれ縁辺部にある郊外住宅地では，高齢化と人口の減少，さらにその先にある地区としての持続性に問題を抱えることは避けられないのではないだろうか。こうした地区をどうするのかを含め，そろそろ都市空間の在り方を長いスパンで検討する視点も必要かもしれない。

【注】

1）市区町村を基本単位とする分析では，ひとつのデータの中に，既成の市街地と新たに造成された住宅地が入り混じることが多い。こうした場合，両者をデータの上で区別することは不可能である。ここでは個別の住宅地をターゲットとするような小さな単位で分析をするために，地域メッシュデータによる分析を中心に行う。

2）福岡市は隣接する市町村では，事実上，福岡市と一体をなした市街地が存在する。そこで，本章では，こうした市街地も実質的な福岡市域とみなすこととし，混乱の恐れがない限り，単に「福岡市」と呼ぶ。なお，明示的に広域的な都市圏を指す必要がある時は「福岡都市圏」を用いる。

3）調査地区では戸建持家住宅が多数を占めているため，これのみを対象とした。

4）1965年以降に供給された住宅地は，ほとんどが民間業者の手によるものである。

5）具体的には，1メッシュあたりの人口が10年間で2,000人以上増加したものを新た

な住宅地への居住が開始された地区と判断した。

6）那珂川町（2018 年より市政へ移行）は，福岡市に隣接した住宅地であるため，注 2 で述べたように福岡市域として扱う。

7）想定される地区の住民とは，アンケートの結果に基づき，世帯主と妻が同じ年齢であると仮定して，世帯主と妻と子供の人数を年齢ごとに加算することによって推定される地区住民の年齢構成である。

8）博多駅・博多南駅間は通常の新幹線車両が運行されているが，近郊の在来線と同様に利用できるような運用がなされている特定路線である。

9）なお，東月隈の割合が多少上がるのは同地区が天神・博多地区に近いためだと考えられる。

10）東月隈における世帯主の年齢は他地区よりも 7 歳程度高く，ライフステージが早く進んでいるため，他地区に先んじる形で地区の高齢化が進む可能性は高い。しかしながら，加齢に伴う身体能力の衰えは個人差が激しい。ここでは個別の住宅地における高齢者の身体能力の如何を主たる研究対象としていないので，7 年程度の高齢化の進行の早晩は本質的な問題にはなりえないと判断した。

11）バスや自家用車を利用しているものが 85%（N=590）いる。

12）通勤時間が 60 分未満の者が，全体の約 8 割（83%，N=574）を占める。

13）別居子の離家のきっかけは，1. 結婚（43%，N=825）2. 就職（25%）3. 進学（23%）となっている。

14）住み替えの消極的理由とは住み替えたい地区に対する設問において，「海や山など自然環境の豊かな田舎」や「ショッピングなどに便利で賑わいのある都心」といった現住地に対する不満や不安のない答えを積極的な理由とし，「福祉や医療サービスが充実している地区」や「スーパーや病院が徒歩圏にまとまっている地区」など現住地に対する不満や不安の伺える答えを消極的な理由とした。

15）この状況を裏付けるように，自家用車を 2 台以上所有している世帯が，40%（N=594）近くを占める。

16）平成 30 年住宅・土地統計調査報告による。

17）詳細調査地の平均敷地面積は 248 ㎡である。

18）住民への聞き取りによる。

参考文献

石水照雄 1981．高齢人口化過程における大都市地域．磯村英一監修『明日の大都市 19 大都市と大都市圏問題』142-189　中央法規出版．

磯田則彦 2004．福岡都市圏および北九州都市圏における国内人口移動パターン．福岡大学人文論叢　35：1565-1592．

伊藤慎悟 2003．郊外地域における人口高齢化の地域差—横浜市泉区の事例—．新地理　50：27-40．

大森洋子・若林時郎・西山徳明・井上陽介 1994. 福岡市における住宅団地開発に関する基礎的研究. 日本建築学会大会学術講演梗概集：113-114.

香川貴志 1987. 東北地方県庁所在都市内部における人口高齢化現象の地域的展開. 人文地理　39：76-90.

香川貴志 1990. 金沢市における人口の量的変化と高齢化. 東北地理　42：89-104.

角野幸博 2000. 『郊外の 20 世紀 テーマを追い求めた住宅地』学芸出版社.

川口太郎 2002. 大都市圏における世帯の住居移動. 荒井良雄・川口太郎・井上　孝編著『日本の人口移動―ライフコースと地域性―』91-111　古今書院.

轡田竜蔵 2017. 『地方暮らしの幸福と若者』勁草書房.

斎野岳廊 1989. 名古屋市における人口高齢化の地域的パターンとその考察. 東北地理　41：110-119.

斎野岳廊 1990. 札幌市における人口高齢化の地域的考察. 東北地理　42：105-110.

高山正樹 1983. 大阪都市圏の高齢化に関する若干の考察. 経済地理学年報　29：36-57.

谷　謙二 2002. 大都市圏郊外の形成と住民のライフコース. 荒井良雄・川口太郎・井上　孝編著『日本の人口移動―ライフコースと地域性―』71-89　古今書院.

統計情報研究開発センター 2002. 『市町村の将来人口― 2000 ～ 2030 年（5 年ごと）―』日本統計協会.

長沼佐枝・荒井良雄・江崎雄治 2006. 東京大都市圏郊外地域の人口高齢化に関する一考察. 人文地理　58：399-412.

箸本健二・荒井良雄 2001. 営業活動の情報化と拠点機能の変容―消費財メーカーを事例として―. 地理科学　56：1-20.

日野正輝 1996. 『都市発展と支店立地―都市の拠点性―』古今書院.

藤井多希子・大江守之 2003. 東京圏郊外における高齢化と世代交代―高齢者の安定居住に関する基礎的研究―. 総合政策学ワーキングペーパーシリーズ　3：1-31.

藤田　隆 1973. 福岡都市圏における集合住宅地の形成. 地理科学　20：21-30.

森川　洋 1998. 『日本の都市化と都市システム』大明堂.

由井義通 1999. 『地理学におけるハウジング研究』大明堂.

Graff, O. and Wiseman, F. 1978. Changing Concentrations of Older Americans. *The Geographical Review*, 68: 379-393.

Hiltner, J. and Smith, B. W. 1974. Interurban residential location of the elderly. *Journal of Geography*, 73: 23-33.

Lee, E. S. 1980. Migration of the aged. *Research on Aging*, 12: 131-135.

Rogers, A., Watkins, F., Woodward, J. A. 1990. Interregional elderly migration and population redistribution in four industrialized countries: a comparative analysis. *Research on Aging*, 12: 251-293.

Wiseman, R. F., and Virden, M. 1977. Spacial and social dimentions of intra-urban elderly migration. *Economic Geography*, 142: 288-294.

—— 第 **6** 章 ——

都心・郊外・駅近　どこに住むか
—都心居住者の住民像と居住地選択のメカニズム—

1．はじめに

　拡大団塊の世代の住宅需要が高かった頃の都市における住宅地の構造は比較的シンプルであった。既成市街地に余剰なスペースがなかったので，彼らの持家需要に応える術は郊外の面的な拡大しかなかった。しかし，こうした状況は変わりつつある。人口減少にともない，郊外のように住宅が余る地区がある一方で，都心や郊外駅の直近などには新たな住宅が供給されている。

　今思えば，バブル経済の崩壊が都市空間に与えたインパクトは相当に大きかった。地価の下落は資産としてストックされていた土地を市場に放出させ，都心に新たな住宅の供給を可能にした。これにより，大都市だけでなく地方中核都市においても，都心に住む者が増え，いわゆる都心回帰と呼ばれる現象が確認された（榊原ほか，2003；東村・出口，2005）。

　こうした事態を促した要因はさまざまであるが，土地建物に関する規制が緩和された影響は大きかったように思う。都心再生のための法整備である，都市再生特別措置法や建築基準法の一部改正などにより，それまで法律上難しかった都心やウォーターフロントにおいても，高層住宅の建築が可能になった（中山・大江，2003）。また，建築技術の向上によって，限られた面積に多くの住戸を供給できる高層や超高層住宅も増加した。こうしたことが重なり，都心やその近隣における住宅ストックは増加し，住宅需要者は都心やその近隣に住むという新たな選択肢を得ている。

　前章までは拡大団塊の世代の辿った軌跡が，都市空間の中に高齢化と過疎化が進む地区を形成するメカニズムに触れてきた。その対象は主として郊外地域であった。本章においても，人口の増減にともない，都市空間がどのように変化するのかを考える立場は同じである。しかし，将来的な都市空間の有り様を考えるには，これからの住宅需要者がどのような選択をするのかをみていく必要がある。そこで，本章では若者をターゲットとしたい。彼らがどこに住むのかということが，今後の都市空間の変容を読み解く重要なキーワードになる。

　拡大団塊の世代とは異なり，今の若者は住むところを選択できる。もちろん経済的な事由等はある。それでも郊外や都心といった都市を形成する地区に，多様な住宅（コスト・面積など）が供給されていることを鑑みれば，どこに住むのかを選択することはできる。将来的な地区人口の維持という点に限れば，若者が都市のどこに住むのかということが地域の持続性と直結する。

若者はどこに住むのか

　都心は有力な候補のひとつである。人口が減少した都心に，再び人が住み始めたメカニズムを解明することが，将来的な都市空間の変容を占うひとつの指針になる。高額な居住コストを負担できるような限られた所得階層にいる人が住んでいるのか，それとも郊外やその他の住宅地に住むような一般的な住宅需要者が住んでいるのか。後者であれば，郊外の強力なライバルになる。

　しかしながら，このメカニズムを解明するのは容易ではない。都心に供給された住宅が，誰のどのような需要に呼応したのかを把握するには，都心に住む者の世帯構成や住宅の所有形態だけでなく，現住地への転入経路や定住意思など，都心居住者の住民属性を分析することが求められるのだが，データ上の制約が大きく，公的なデータではこうした疑問に答えることはまず不可能である。

　都心に再びの人口増加が確認され始めたのは，大まかにみて 2000 年頃であろう。人口が増加し始めた当初から，新たに供給された都心の住宅に住んでいるのは誰かという点には関心が集まっていた。都心居住に関する報告[1] や居住者の住民属性を詳らかにしようとする研究も多く行われている[2]。一般的な雑誌においても，都心居住に関する特集記事が組まれ，居住者に対するインタ

ビューから，郊外から住み替えた高齢者や住宅取得年齢に達した団塊ジュニア
などが，代表的な住民像として描かれることもあった（与那原，2002）。しかし，
研究が進むにつれて都心居住者は実に多様であることがわかってくる。例え
ば，高橋（2006）は住民基本台帳人口移動報告データの分析から，都心で増加
したのは20代後半から団塊ジュニアにかけての若い世代であるとしたが，同
じデータに基づく川相（2005）の分析では，都心への転入者には地方を出発地
とする若年層が中心の長距離移動者と，市内や近隣区を出発地とする幅広い年
齢層の短距離移動者がいることが見出されている。

　同様に，国勢調査の小地域データおよびマンション供給データを分析した
中山・大江（2003）は，東京都心部の人口増加の多くは20〜30歳代の単身
世帯の転入によるものであり，持家では約7割が，賃貸ではほとんどが単身
世帯であり，ファミリー世帯の入居は少ないとしている[3]。しかし，東京都
港区において住民アンケートを行った矢部（2003）は，民間分譲マンション入
居者の中心は30歳代の若年層であるが，その世帯構成は子供のいない夫婦の
み世帯が3割程度，夫婦と子供からなる世帯と高齢世帯が約2割ずつ存在し
ており，分譲住宅居住者は単身世帯だけでなく多様な世帯から構成されてい
ることを述べている。同様に，大阪の都心7区でアンケート調査を行った實
（2007）も，賃貸居住者では20〜30歳代が3割と最大を占めるものの，40歳
代と50歳代もそれぞれ15%程度存在し，分譲住宅居住者においても50歳以
上が7割近くを占めているため，熟年層や高齢者層が決して少数派ではない
ことを指摘する[4]。さらに，地方中核都市である仙台市の分譲マンション居
住者を対象にアンケート調査を行った榊原ほか（2003）は，夫婦と子供からな
る世帯が約4割と最多を占めるが，単身世帯や夫婦のみ世帯も25%前後いる
こと，年齢についても40〜50歳代が最大であることを示し，大都市を対象
に調査を行った矢部（2003）や實（2007）とはやや異なった結果を得ている。

　いずれも，若者層が都心に転入したことが，この頃の都心の人口増加に大き
な役割を果たしたとみる点では一致している。しかし，報告から浮かび上がる
住民像は極めて多様である。単身世帯・夫婦のみ世帯・親と子からなる世帯・
若年層・高齢者層・分譲居住者・賃貸居住者・女性[5]と，さまざまな属性を

持つ住民像が錯綜する。年齢についても，20 〜 30 歳代の若者層が多くを占めるとするものもあれば，50 歳代や 60 歳以上の居住者が少なからず存在するとみるものもあり [6]，都心居住者の姿は茫洋としている。

　このように，都心居住者の全体像が掴み難い背景には，現実的な住民像を分析できるようなデータの収集が相当に困難であることに一因がある。というのも，国勢調査等の公的な統計資料では，市区町村の行政範囲で集計されることが多いため，都心区全体のデータから，面積の小さい都心の住宅地部分のみを抽出することは難しい。この問題に対処するために，中山・大江 (2003) や宮澤・阿部 (2005) は国勢調査の町丁目別集計を用いて詳細な分析を試みているが，公表されている集計項目が限られているため，新住民の多い集合住宅のデータのみを分離して分析することは現実的ではない。まして，由井 (1986) が試みたように国勢調査区集計から集合住宅を 1 棟ずつ識別して分析する方法は，1990 年度に基本単位区集計に移行して以来，人口・世帯数のみしか公表されなくなったため，もはや不可能といえる。

　結局のところ個別データを収集するには，住民に対して調査票を配布・回収するアンケート調査を実施するしかないが，これまで試みられた調査の多くは，調査対象が数棟の集合住宅のみに限られているものや，都心にあるものの賃料や販売価格に差があり，住民属性が異なると考えられる複数のエリアに点在している集合住宅からデータを収集しているため住宅地としての共通性を認め難いものなど，都心にある住宅地のデータとして扱うにはデータサンプリング上の問題が残されているものも少なくない [7]。

　なにより分析においては，賃貸居住者か分譲居住者かの区別が重要になるが，投機的価値が高い都心であるがゆえに，この判断が付け難いという問題もある。分譲居住者と賃貸居住者では住民属性が異なると予想されるが，公的な統計資料においてこれらを分離したクロス集計結果は，広い単位地域でしか得られないため個別の住宅地が識別できるような小地区の分析にはまず耐えられない [8]。調査票を用いた調査であれば居住面積や住宅の所有形態に関する個別データも得られるが，調査対象の建物が限られる場合は得られたデータをもって，都心にある住宅地のデータとして一般化するには限界がある。

　さらにいえば，都心は郊外とは異なり，住宅が建築された当初の所有形態（所有か賃貸か）から，具体的な住民属性や定住傾向を探ることが難しいという問題も大きい。というのも，都心の住宅は投資価値が高く，たとえ分譲物件であっても，しかる後に売却されるケースや賃貸経営を目的とし購入者が住宅として利用しないケースが少なくない。そのため，ファミリー向けの間取りで販売された分譲物件であっても，実際には賃貸住宅として購入者とは異なる世帯が居住していることも多々ある。都心では販売時の形態から住民の住宅所有形態を判断することは，事実上不可能といっても過言ではない。既存研究において住民属性が明確にされなかったのは，分析に用いたデータの持つ問題が大きく，なかでも分譲居住者と賃貸居住者の住民属性が明確に比較分析されていないことが，混乱を招いた疑いがある。

　こうしたデータ上の問題を克服するため，数町丁目程度の広がりを持つ都心住宅地において，地区内の居住者すべてを対象とした大規模な質問紙調査を行い，個別データを収集することにした。これにより居住者の個別のデータが得られるので，住宅の実質的な所有形態を明確に区分して分析することができる。本章では，収集したデータを用いて都心居住者の住民像を明らかにしたうえで，彼らが都心に住むことを選択したメカニズムについて考察する。

　対象地域は地方中核都市である福岡市とする（図6−1）。もちろん地方中核都市における都心居住の状況は大都市と同じではないだろうが，上記のような既存研究の結果をみる限り根本的な相違があるとも考えがたい。なにより，地方中核都市は大都市とは異なり都心の範囲の特定が容易であるので，住民属性や住宅価格等の関係を分析しやすいという利点がある。また，福岡市を含めて地方中核都市は比較的コンパクトな都市構造をしており，鉄道路線の影響が少なく，バス交通が主流であるので，都心からの距離によって都心と郊外を区分することが容易であるという特徴もある。

２. 研究方法と対象地域

（１）再び都心に住む者が増加したのはいつか

　福岡市はほぼ現在の市域となった
1975 年以降もコンスタントな人口増加
が続いている。これを支えているのは,
市外からの転入者である。彼らの多くは
住宅需要者でもあるので, これに呼応す
る形で住宅数も増加すると考えられる。
実際, 福岡市における住宅数の推移を追
ってみても, 1983 年には 377,820 戸であ
ったものが, 2018 年には 792,300 戸へと
およそ倍増している（住宅・土地統計調査
報告）。

図６−１　調査地区
（1/25000 の地形図より作成）

　他の都市と同様に福岡市も, 都心に近
いほど集合住宅の割合が高く, 郊外に向かうにつれて戸建住宅の割合が上が
る。こうした住宅地の空間構造は, 初期においては住宅公団等の公的な機関が,
後には民間業者によって, 郊外に大量の戸建住宅が供給されたことで形成され
た（藤田, 1973；由井, 1991；福岡市住宅供給公社, 2005）。

　では, 都心に住宅が供給され始めたのはいつ頃か。住宅の建築年代をもとに,
推測してみたい（表6 − 1）。福岡市における都心を博多区と中央区とすれば, 両
区において住宅の供給が目立ち始めるのは, 1990 年代後半以降である。この時
期の都心では, 店舗やオフィスが建ち並ぶエリアに中高層の集合住宅が建てら
れ, 商業地区に割り込むようにして住宅が供給されていた（岩瀬ほか, 1994）。供
給時期の推移を追うと, 都心区以外は 90 年代半ばから, 住宅数が横這いか微増
であるのに対して, 都心区はこれ以降に建てられた住宅が増加している。中央
区を例に取れば 118,620 戸の住宅のうち約半数は 1996 ～ 2015 年に建てられてお
り, その後も住宅の供給は続いている。同区の人口も 1990 年代中頃から増加し

表6-1　福岡市における住宅の建築年代

(戸)

	-1970年	1971-1980	1981-1990	1991-1995	1996-2000	2001-2005	2006-2010	2011-2015
博多区	3,930	12,730	26,140	11,410	15,220	20,030	19,430	17,860
中央区	2,880	10,670	22,920	8,720	13,030	17,180	14,170	13,760
東区	4,570	12,730	32,720	15,290	17,030	15,350	15,740	15,200
南区	8,200	13,300	27,520	13,460	11,940	10,610	10,710	10,930
西区	2,930	9,360	14,470	8,480	10,570	9,700	13,480	11,420
城南区	4,390	9,430	12,250	6,130	6,570	6,040	7,610	4,950
早良区	4,480	17,210	19,150	9,110	9,010	9,660	7,910	7,640

(住宅・土地統計調査（2018）より作成)

ている（図6-2）。こうしたデータからみて，福岡市では1990年代中頃から都心居住者が増加したと考えられる。

（2）詳細調査地区の選定

さて，調査を行うにあたって，都心において人口が増加した地区の選定が必要になる。都心における人口増加をどう捉えるかにより調査地区が異なってくるが，ここで

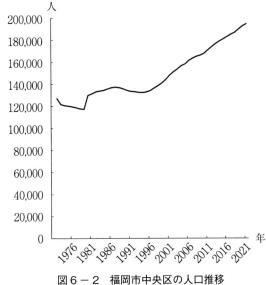

図6-2　福岡市中央区の人口推移

(住民基本台帳より作成)

は，都心における人口回復という視点から，過去に人口減少を経験したが後に人口増加へと転じた地区，を主たる調査対象地区とした。

さらに，データを読み解くうえで考慮が必要になるのが，都心とそれ以外の比較である。都心の調査地区から得たデータだけでは，そこに現れた住民属性（年齢・性別・就業地など）が，都心居住者に特有のものなのか，それともこの

時期に供給された住宅に住む者に共通するものかを判断することが難しい。そのため，都心地区と同時期に人口が増加した都心以外の住宅地に住む者のデータと比較する必要がある。

　以上の点を押さえて調査地区を選定していきたい。まず福岡市における人口動態を把握するために，都心の人口が増加した1990年代半ば過ぎを含む1975〜2000年の国勢調査の3次地域メッシュ統計を用いて，人口動態の分析を行った。過去に人口減少が起きた地区を，郊外における人口増加が顕著であった1975〜80年に300人以上の人口減少を記録した地区とし，後に人口が増加した地区を1995〜2000年に800人以上の人口増加が確認できた地区とした[9]。

　これらを地図化したものが図6-3である。これによると，過去に人口減少が起きた地区は，西鉄福岡駅を中心とする約3kmの円内に収まることが判明した。対して後に人口が増加した地区は，都心付近では2つのエリアに分布している。ひとつは西鉄福岡駅の南部から博多湾付近に広がり，もうひとつは西鉄福岡駅の南部にある。博多湾付近の人口増加は，大規模な住宅地開発によるところが大きく，人口が希薄だった地区に新たな住民が転入したことで人口が増加した可能性が高く，本章が想定する地区像には合致しない。対して，後者は1975〜80年に一度人口減少を経験したのちに人口が増加に転じており，一度人口が減少した後に，再び人口が増加した都心にある住宅地としての条件に合致する。そこで，西鉄福岡駅の南部を，都心における人口増加地区の典型例とみなし調査地区とした。

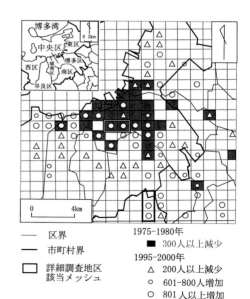

図6-3　福岡市における人口増減の
　　　　空間的パターン（1975-2000）

（国勢調査より作成）

158 ——◎

　比較対象として，都心と同時期に人口が増加した郊外の鉄道駅に近接するエリアを選定した。鉄道から数 km 以上離れている郊外住宅地では，近年人口が減少傾向にある地区も多いが，郊外にあっても鉄道駅に隣接する地区はこの限りではない。こうした駅近には，都心と同時期に新たな住宅が供給されており，人口も増加傾向にある。そこで，都心と同時期に人口増加が起きた地区として，郊外の鉄道駅に近接する地区のなかから，都心への通勤線として利用される新幹線博多南駅の周辺を対象地区とした。

（3）アンケート調査の概要

　上記の作業から都心における調査地区を，福岡市中央区薬院1・2・3丁目と平尾1丁目（以下，この4町丁目を薬院地区とする）とした（図6−4）。主な調査項目は，住民属性・出生地・居住経歴・居住年数・住宅の取得状況・将来の居住意向・福岡市への転入経路などである。調査票は日本郵便の配達地域指定郵便を利用し，2008 年 7 月に対象地区の全郵便配達先 10,605 へ配布した。回収は通常郵便で行った。回収数は 893 票で配布数に対する回収率は 8.4%，同年 9 月時点の住民基本台帳の世帯数（7,009）に対する回収率は 12.7% であった[10]。

　また，比較対象として，新幹線博多南駅に近い福岡市南区弥永2・3丁目，那珂川市（調査当時は那珂川町）中

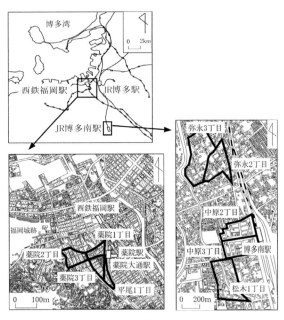

図6−4　詳細調査地区

（1/25000 の地形図より作成）

原2・3丁目，松木1丁目（以下，博多南地区とする）において調査を行った。薬院地区と同時期に2,253の郵便配達先に対して同様の調査を行った。回収数は239票で配布数に対する回収率は10.6%，住民基本台帳（同年9月）の世帯数（2,062）に対する回収率は11.6%であった。次に，収集したデータが地区の実情に沿っているのかを確かめるため，住民基本台帳と調査データから年齢別人口構成（人口ピラミッド）を作成し，それらを比較したところ，両データのずれはいずれの年齢層においても，0.2〜4.0%の範囲に収まっていたので，地区の実情と大きく乖離はしていないと判断した。こうした調査ではよくあるが，両地区とも調査データのほうが，若干若者が少なく50歳以上が高い傾向にあった。この点についてはデータを注意深く扱うことで対応する。

（4）詳細調査地区の概要
1）薬院地区

　薬院地区は福岡市の繁華街天神地区まで徒歩で10〜15分程度の距離にあり，最寄り駅は西鉄大牟田線の薬院駅と地下鉄七隈線の薬院大通駅である。鉄道を利用すれば5分程度で天神地区まで移動できる。1990年以前の薬院地区は，低層の個人住宅はあったが，事業所やオフィスビルが目立っており，10階を越すような集合住宅はそれほど多くなかった。しかし，1990年代中頃から集合住宅の供給が盛んになり，現在は中・高層の集合住宅が多く立地している。地区の人口は，1990年には6,640人であったが，2008年には11,463人となり，2021年には13,495人へと増加している（住民基本台帳）。

2）博多南地区

　博多南地区は福岡市の郊外にあたる。最寄り駅は1990年に開通した新幹線の博多南駅で，地元では博多駅への通勤線として定着している[11]。同駅が開業する以前の博多南地区は，周辺に水田が広がり住宅も多くはなかった。しかし，駅の開業以降は周辺地区の開発が進み，現在は駅ビルや商業施設を取り巻くように多くの集合住宅が建ち並んでいる。地区の人口も，1990年には4,524人であったが2008年には5,468人，2021年には5,756人とコンスタントに増

加している（住民基本台帳）。

3．誰が都心に住んでいるのか
　　—住宅所有形態の違いからみた住民像—

　都心や郊外駅の直近に供給される住戸の大半は，集合住宅である。実際，調査を行った薬院地区では居住者の9割以上（96%，N = 879）が，博多南地区においても7割近く（67%，N = 238）が，集合住宅の居住者である。ここでは都心居住者の住民像を探ることを目的としているので，彼らの多くが住まう集合住宅の居住者を主たる分析対象とする。

　ある地区の住民像を描くにあたって，居住者からみた住宅の所有形態を区別して検討することがひとつのポイントになる。既存研究から垣間見える都心居住者の住民像がさまざまにみえたのは，住んでいる者からみた住宅の所有形態が不明なままに分析が行われたことや，分譲居住者もしくは賃貸居住者の一方のみが分析対象となっていたことに一因があるように思える。ここでは，こうした混乱を避けるため，アンケートにより回収された調査個票から確認できる，実質的な分譲居住者と賃貸居住者の区分に基づいて，都心居住者の住民像を描いていく。

（1）住宅の状況

　まず，住宅の所有状況である。ただし，ここに都心であるが故の複雑さがある。都心にある住宅は投機的な価値が高く，分譲として販売されたものでも，実際には賃貸として貸し出されることも多く，住宅の所有者と居住者が異なることも珍しくない。これが郊外にある戸建住宅地であれば，住宅地の造成年代や販売価格から，おおよそではあるが住宅の所有形態が把握できる。しかし，都心にある集合住宅では，建物の外観や初期の販売形態からでは，現時点で住宅に住んでいる者の居住形態を把握することは，まず不可能である。同じマンションに分譲居住者と賃貸居住者が入り混じって住む状況が生じる。こうした事情は単一もしくは2〜3の集合住宅から得た調査データを，都心地区全体のデータとして扱っ

てよいのかという問題を内包させ，都心居住者の全体像を掴みにくいものにしていた。本調査では，この問題をクリアするため，都心地区全域を対象としデータを収集した。これにより，調査から得られたデータを都心居住者のデータとして扱うことに，ある程度の妥当性を持たせることができると考える。そうして得たデータから，都心にある薬院地区の集合住宅居住者のうち，分譲住宅と賃貸住宅に住む者は，ほぼ同数であることがわかった。

　次に住宅の広さである居住面積（のべ床面積）についてみていきたい。一般的に，分譲・賃貸を問わず同一価格帯であれば，地価の高い都心のほうが郊外にある住宅よりも居住面積は狭い傾向にある。同じ５万円の賃料であれば，都心よりも郊外のほうが広い住宅を借りられることにそれほどの違和感はない。これに則るならば，都心にある薬院地区の住宅のほうが，郊外にある博多南地区よりも狭くなるはずである。実際にデータをみると，薬院地区の賃貸住宅の居住面積は平均 52.5m² で，博多南地区の 61.9m² と，たしかに賃貸に関してはこの推測があてはまる。しかし，分譲に関しては異なる結果を得た。薬院地区の分譲住宅の居住面積（平均）は 83.2m² で，博多南地区の 84.1m² と大差はなく，分譲に関しては，都心にあることが必ずしも居住面積の狭小に結びついていないことがわかる。

　都心にある集合住宅の多くは，1990 年代中頃から続く住宅供給の流れに沿って，短期間に供給された可能性が高い。このことは調査データからも確認が取れる。薬院地区の居住者に，居住している建物の築年数を尋ねたところ，最頻値は分譲・賃貸を問わず 10 年前後であった [12]。2008 年に調査を実施したことを考えれば，10 年前後という回答は妥当であろう。また，世帯主が薬院地区へ入居した時期をみても，分譲居住者の大半は 1990 年代中頃より後に入居しており，賃貸居住者に至っては全体の約 8 割（84.9%，N=392）が，2000 年以降に現住地へ入居している（図 6 - 5）。やはり，同地区が都心住宅地としての性格を明確にしたのは，1990 年代中頃より後とみられる。住民もこれ以降に入居した者が大半であるので，比較的新しい住宅地であるといえよう。

　ここまで都心にある薬院地区と郊外にある博多南地区にある集合住宅についてみてきたが，両者には住宅の広さや築年数に顕著な差はなく，入居の時期もほぼ同じであることがわかった。結局のところ，賃貸の居住面積に関する相違

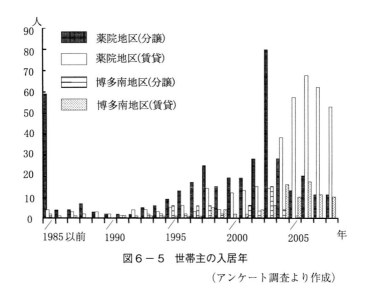

図6-5　世帯主の入居年

（アンケート調査より作成）

を除けば，ほぼ同時期に建てられた集合住宅や住宅地の中に，分譲居住者と賃貸居住者が混在する形態は都心に限ったものではなく，この時期に供給された住宅地に共通する特徴とみられる。

（2）世帯主と世帯構成

　都心居住者の住民像が明確に定まらない時期が続いていた。一因には，若者が多いと考えられる賃貸住宅と，それなりの経済力を有する年齢に達した者が入居している可能性が高い分譲住宅の居住者が，データのうえで混在していた可能性が否めない。

　そこで，薬院地区において，住宅の所有形態別に世帯主の年齢（平均）をみると，賃貸が39.3歳，分譲が57.3歳であった。年齢層の偏りについては，分譲住宅には特定の年齢層による偏りはなく，最年少から最高齢まで30歳以上の開きがあり，幅広い年齢の住民が入居していた [13]。一方，賃貸住宅は20〜30歳代が最も多く全体の約6割（59.7%, N=380）を占めており，若い世代が賃貸の主要な借り手であることがわかる [14]。だが，40歳以上の者も4割程度存在しており，賃貸の主要な居住者が若者であることに違いはないが，全体を見

表6-2　片道通勤時間

(%)

	薬院地区		博多南地区	
	分譲	賃貸	分譲	賃貸
30分以内	83.5	88.2	60.4	72.5
30～60分	13.4	11.0	37.5	24.1
60分以上	3.1	0.8	2.1	3.4
回答者数	351	374	48	91

（アンケート調査より作成）

表6-3　世帯主の職業種別分類

(%)

	薬院地区		博多南地区	
	分譲	賃貸	分譲	賃貸
管理的職業	38.8	17.5	37.8	14.9
事務	15.2	26.2	13.5	12.6
販売	5.1	8.0	10.8	11.5
サービス	6.8	12.9	5.4	13.8
生産	1.3	0.3	5.4	3.4
専門技術	16.9	19.7	13.5	24.1
その他	16.0	15.4	13.5	19.5
回答者数	237	325	37	87

（アンケート調査より作成）

通せば居住者の年齢は幅広いといえる。このことから，都心は郊外の住宅団地と比べて，分譲・賃貸を問わず居住者の年齢が多様であることがわかる。

　もちろん所有形態を問わず両者に共通する特徴もある。ひとつが職住の近接性である。分譲・賃貸のいずれにおいても，通勤時間（片道）は 25 分程度で，都心にあたる天神地区もしくは博多駅の周辺で就業している（していた）[15] 者が多い（表 6 - 2）。職種に関しても，管理職・事務・販売・サービスなど，ホワイトカラーないしはグレーカラーの職にある者が大半である（表 6 - 3）。ただし，職住が近接したライフスタイルは，薬院地区に限ったものではなく，郊外にある博多南地区においても同様の傾向にあることがわかっている。したがって，職住が近接しているのは，都心居住者に特有の特徴とは言いがたいようである。

　もうひとつは，女性の世帯主が多い点にある。都心居住者に女性が多いのではないか，ということは以前から指摘されていた（例えば Yui, 2006 など）。実際にデータで確認すると，薬院地区における女性の世帯主の割合は，分譲で 3 割（33.2%，N=380），賃貸で 5 割強（55.3%，N=369）であった。博多南地区では，分譲で約 1 割（9.8%，N=51），賃貸で 2 割程度（19.6%，N=97）であるので，これと比してみても都心における女性の世帯主の割合が高いことがわかる。したがって，都心が女性に居住地として選択される傾向が高いことに関しては一定の同意が得られるように思う。

　さて，次なる疑問である，都心にはどのような世帯構成の者が住んでいるの
かという点について検討してみたい。まず分譲である。これまでにも，分譲住
宅の居住者のみを対象としたいくつかの研究において，部分的な様相は明らか
にされてきた。しかし，単身や夫婦のみの世帯が多くを占めるとする調査もあ
れば，子供のいる世帯が主流であるとみるものなど，統一的な見解は得られて
おらず，都心にある住宅地としてみた実像は曖昧模湖としていた。こうした混
乱は上述のデータサンプリング上の偏りにくわえて，世帯構成の時間変化に対
する視点が見過ごされていた可能性がある。つまり，入居時の世帯構成と，そ
こから年月を経て変化したと考えられる調査時の世帯構成が区別されずに分析
されたことで，こうした混乱が起きたのではないかと推測できる。

　そこで，薬院地区における入居当初の世帯構成とその変化を，住宅の所有形
態別に整理しながらみてみよう。賃貸は時間の経過による世帯構成の変化は
少なく，居住者の大半は単身か夫婦のみ世帯である。入居時は約8割（77.6%，
N=396）がこの世帯構成で，調査時点においてもほとんど変化していない
（77.5%，N=393）。これに対して，分譲は時間の経過とともに世帯構成が変化し
ている。入居時は，単身および夫婦のみ世帯が約半数（50.2%，N=416）で，子
供のいる世帯は4割程度（41.6%，N=416）あったが，調査時点では単身および
夫婦のみ世帯の割合が約6割（62.6%，N=377）に上がり，子供のいる世帯の割
合が3割程度（29.5%，N=377）に下がる。

　分譲居住者の世帯構成が大きく変わるのは，流動層が多く入れ替わりが激し
い賃貸居住者とは異なり，定住層であるためであろう。賃貸の居住者は，結
婚・家族員数の増加・就職・転職などといったライフサイクルの変化にともな
い，地区外へと転出する可能性が高いが，分譲居住者は定住層であるがゆえに，
子供の離家や加齢などにより世帯構成が変化したと考えられる。

　分譲居住者がこのまま地区内に住み続ければ，いずれ高齢の単身世帯や夫婦
のみ世帯の割合が上がると予測できるので，地区の高齢化率も上がる可能性が
ある。ただし，分譲住宅がほとんどを占める郊外とは異なり，都心には若者が
居住者の多くを占め，入れ替わりも激しい賃貸住宅が相当数ある。そうした意
味においては，郊外のように急激な高齢化と人口減少に見舞われる可能性は低

いと考えられる。

4．なぜ都心が選ばれるのか―居住地選択のメカニズム―

　都心に新たな住宅が供給されたことは，住宅需要者のどこに住むのかという問題に選択肢を増やした。もちろん都心以外にも住宅は供給されている。しかし，現状の人口トレンドは将来的な住宅の余剰を意味している。住宅はいずれ余る。拡大団塊の世代は，経済的かつ空間的な制約から居住地の選択肢は限られていた。しかし，これからの住宅需要者は，都市のどこに住むのかを選べる。郊外や都心，ウォーターフロントや駅の直近など選択肢は多い。さらにいえば，それぞれのエリアで幅広い価格帯の物件が提供されている。

　なぜ彼らは都心を選択したのか。この問いに対する答えを探るため，都心居住者の居住歴と薬院地区ならびに博多南地区の居住条件を比較しながら，彼らが都心を選択したメカニズムについて検討してみたい。

（1）都心への転入経路

　都心に住む者は，どのような居住歴を経て都心へとたどり着いたのだろう。上述のように，彼らの居住歴に触れた研究はあるが，多くは都心に転入する直前の居住地からの移動のみが対象とされている。そのため，都心居住にいたるまでの来歴は把握できず，ここで取り扱うような居住地選択メカニズムに関する議論の前提とするにはいささか心もとない[16]。こうした状況を踏まえ，調査では居住者に出身地を基点として，その後どこにどのような理由で移動して，現住地にたどり着いたのかをすべて記載してもらった。これにより，都心居住者の継続的な居住歴データを得ることができる。

　彼らはどこから来たのか。世帯主の出身地をまとめたものが表6−4である。ここでは中学校卒業直前を出身地とみなしている。これによると，中学校卒業時に市内にいた者は分譲・賃貸ともに2割台であり市内出身者の割合は少ない。分譲・賃貸を問わず，最も割合が高かったのは福岡県出身者で，約1/3を占める。これらを合わせると6〜7割程度が県内から都心へ転入していること

表6－4　薬院地区における世帯主の中学校卒業直前の所在地

(%)

	分譲	賃貸
福岡市内	27.4	22.1
市内を除く福岡県内	34.1	35.5
福岡県を除く九州各県内	26.2	26.4
上記以外	12.2	15.9
回答者数	343	276

（アンケート調査より作成）

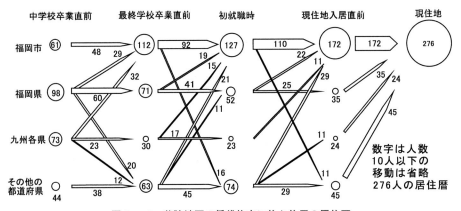

図6－6　薬院地区の賃貸住宅に住む住民の居住暦

（アンケート調査より作成）

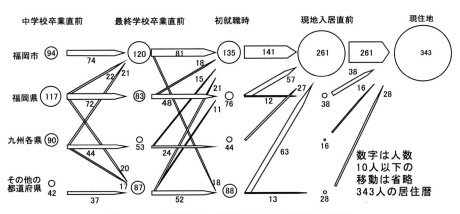

図6　7　薬院地区の分譲仕宅に住む仕民の居住暦

（アンケート調査より作成）

がわかる。同様に，出身地についても分譲と賃貸に顕著な差はなかった。

　しかし，都心への転入経路には明確な相違があった（図6-6・図6-7）。都心への転入経路は，大きく3つのパターンがある。第1と第2の経路は，ダイレクトに都心に転入するのではなく，市内に一度居住した後に都心に移動するタイプである。

　第1の経路は，まず市外から市内に転入し，その後で都心に移動するもので，分譲居住者の約1割（12.0%，N=343），賃貸居住者の約2割（23.9%，N=276）がこれに該当する。分譲・賃貸を問わず，進学を契機とする者が最多であった。

　第2の経路は，転勤や転職等による移動で市外から市内に転入する。このタイプは分譲居住者に多く，彼らの約4割（42.9%）が該当する。半面，賃貸居住者でこの経路を辿る者は2割程度（23.9%）と分譲居住者の半分以下であり，彼らにとって主要な転入経路ではないことがわかる。このことから，都心に住む分譲居住者の多くは，市外や県外の出身者であるが，ダイレクトに都心に入居した者は少なく，一度市内に居住したのちに，都心へと転入していることがわかる[17]。

　第3の経路は，市外から都心に直接転入するもので，賃貸居住者に特徴的にみられる。彼らの約4割（37.7%）が，このパターンを取る。転勤や転職にともない都心に転入したと考えられる彼らは，初めから都心を候補地としていたのだろう。既存研究において，長距離移動者に占める若年層の割合が高かったのは，都心の賃貸住宅に市外から若年が多数転入した結果と考えれば納得できる。一方，第1の経路を辿る若年層が，近距離にある前住地から移動していると考えれば，同じ若年層でも近距離移動者と長距離移動者が併存する現象も違和感なく説明できる。

　こうした居住歴を踏まえれば，住宅需要者が都心を居住地として選択するメカニズムを検討する際に，次の点を前提としたほうが良いのではないかという仮説が得られる。ひとつは，賃貸・分譲ともに市外出身者が多数を占める点である。そのため，彼らが居住地を選択する際に，実家との近接性や子供の頃から親しんだ土地への愛着の有無，といったような心理的な影響がさほど加味されていなかったと想定できる。したがって，彼らはこうした心理的要因に左右

されることなく，居住地を選択できたと解される。

　もうひとつは，市外からダイレクトに都心に転入するケースが少ない点である。彼らの多くは福岡市内から都心へと移動している。つまり，現住地に転入する前段階として，すでに市内に居住している。したがって，居住地を選択する際に，都心以外の候補地（郊外 or 都心，戸建 or 集合など）の中から検討がなされたと考えられる。当然，その中には，郊外の戸建住宅地や郊外駅に近接する集合住宅も含まれていただろう。すなわち，彼らには都心の集合住宅か郊外の戸建住宅かという選択肢だけでなく，都心か郊外駅に近接するエリアの集合住宅という選択もあり得たわけである。前者の選択肢では，住宅の形態と居住地選択の関係はほぼ自明であるが，後者はともに集合住宅であるので，そのほかの居住条件の詳細な比較を行わなければ，都心居住選択のメカニズムを解明することは難しい。こうした前提を踏まえて，次節において都心と郊外駅に近接する住宅地を中心に居住条件を比較してみたい。

（2）都心に住むことの利便性

　ところで，都心に住む魅力とは何か。繁華街やデパートなどの商業施設とそこから生まれる街の賑わいもそうであろうし，交通アクセスの良さも魅力であろう。ここでは実際の居住者が，都心に住む魅力をどのように認識しているのかを，なぜ現住地に住み続けたいかという定住希望理由を手がかりに推測してみたい。

　都心にある薬院地区の居住者は，「都心ならではの利便性や賑わい」が，都心に住む魅力とする回答が分譲・賃貸ともに最多であった（表6 - 5）。都心ならではの賑わいが，彼らに都心居住を誘引する魅力となっている様子が伺える。とりわけ，前節で触れた都心にダイレクトに転入する第3の経路を選択した者は，比較すべき市内の他の住宅地での生活経験を所持していない。そうであるにもかかわらず，都心に入居したのは，「何でもあり便利で楽しそう」という都心のイメージが，居住地の選択に際して作用したと考えられる。

　しかし，居住地としての都心の魅力には，そうしたいわば非日常的な要因だけではなく，日常的な通勤や買物での利便性も含まれる。薬院地区の定住

表6-5　薬院地区および博多南地区における定住希望理由

(%)

	薬院地区		博多南地区	
	分譲	賃貸	分譲	賃貸
海や山など自然環境が豊かだから	2.9	6.3	24.1	14.7
都心に近く便利で賑わいがあるから	35.1	29.7	12.7	14.7
交通の便がよく，通勤・通学が楽だから	18.5	24.1	17.7	20.6
職場・学校の近くだから	6.7	7.0	3.8	8.8
福祉や医療サービスが充実しているから	6.7	5.7	2.5	0.0
居住費が安いから	0.5	3.8	0.0	8.8
歩いていける範囲にスーパーや病院があるから	26.4	12.7	29.1	17.6
実家の近くだから	2.2	1.3	3.8	11.8
その他	1.1	3.8	6.3	2.9
回答者数	556	158	79	34

(アンケート調査より作成)

希望理由をみても，都心の利便性や賑わいについで多かったのは，「徒歩圏に生鮮品の買物・病院などの施設が充実している点」や「交通の利便性」であり，住民に生活のしやすさを感じさせる点も都心居住を促す一因のようである。ただし，こうした日常生活の利便性についていえば，必ずしも都心のみが優位にあるわけではない。長沼ほか (2009) でも指摘したように，郊外戸建住宅地には生活上の利便性に欠ける地区もあるが，駅前は事情が異なる。実際，博多南地区は徒歩数分圏内にスーパーマーケットや病院があり，交通の便のよさを理由とする回答も上位を占めている。郊外の駅の近くに住む彼らも，都心と同様の生活上の利便性を住みよさとして認識していることがわかる。

　実は客観的な条件を比較しても，2つの地区にそう大きな違いはない。薬院地区と博多南地区における平均通勤時間は，ともに 25 〜 30 分程度であり，最寄り駅までの所要時間も片道5 〜 9 分程度と好条件にある。日常の買物についてみても，薬院地区は都心の百貨店やスーパーマーケットの利用が可能であるし，博多南地区も徒歩圏内に複数のスーパーマーケットがあるため，買物に要する時間はいずれも 10 分以内である。

　このように，日常生活の利便性を見る限り，両地区に大きな違いがあるようには思えない。第1と第2の経路で市内から都心に入居した者は，都心以外で

の生活経験があるから，両地区に生活の利便性にさほどの違いはないという検討はついていただろう。そうであれば，日常的な生活上の利便性だけが，都心居住を選択する積極的な理由になるとは考えにくい。

（3）居住面積と子供の数

　では，生活の利便性以外で，都心居住を選択させた理由は何であろうか。ここでは，都心と郊外の駅前で，大きく違っていた条件に着目してみたい。上述の分析において両地区における最も大きな違いは居住面積であった。居住面積に影響を受ける直接的な属性のひとつとして，世帯員数がある。都心や郊外の駅前にある集合住宅における大人数の多世代同居は想定しにくいので，世帯員数の違いは実質的には子供の数の違いを意味する。そこで，居住面積を子供の数と関連づけて分析してみたい。なお，居住地選択への影響を考察するという目的から，子供の数は入居時点のものを用いている。また，子供の数のみならず，子供の年齢も居住面積に影響する可能性があるが，調査データによれば，入居時の子供の年齢と居住面積に明瞭な相関はみられなかった。これは，入居時の子供が若年であったとしても，将来的な成長を見越して，面積に余裕のある住居が選択されたためだと考えられる。

　薬院地区の分譲住宅では，子供が2人以上を境にして居住面積が大きく変化する。1人もしくは0人の場合は，居住面積70m²未満に住む者が40％程度存在するが，2人以上になると20％以下に低下する（表6－6）。子供なしと1人との間には大きな差はみられないことから，2人以上になると住宅の広さが重視され，少なくとも70m²以上の住宅が求められるようになると考えられる。一方，博多南地区の分譲の場合は，もともと70m²未満の住宅が1割にも満たず，居住面積と子供の数の間に明瞭な関係は認められなかった。

　つまり，子供が2人以上いる世帯が，利便性の高い地区に住宅を購入しようとすれば，郊外の戸建住宅地は視野に入らず，都心か郊外の駅前かの選択になる。その際に，重要な検討要件となるのが住宅の価格であろう。例えば，薬院地区で80m²前後の集合住宅を購入しようとすると，その価格は，中古住宅[18]で2,300〜2,800万円と推定される。一方，博多南地区の中古住宅は1,200〜1,600

表６－６　薬院地区および博多南地区における分譲住宅の面積と子供の数

(%)

		0人	1人	2人以上	合計
薬院地区	50㎡未満	5.0	6.3	1.5	3.2
	50-70	38.7	31.3	16.1	25.3
	70-90	46.2	33.3	54.1	48.9
	90-110	6.7	20.8	21.0	16.4
	110㎡以上	3.4	8.3	7.3	6.2
	合計	100.0	100.0	100.0	100.0
	回答者数（%）	119 (32.0%)	48 (12.9%)	205 (55.1%)	372 (100.0%)
博多南地区	50㎡未満	0.0	0.0	0.0	0.0
	50-70	0.0	0.0	9.4	6.5
	70-90	100.0	90.0	75.0	80.4
	90-110	0.0	10.0	15.6	13.0
	110㎡以上	0.0	0.0	0.0	0.0
	合計	100.0	100.0	100.0	100.0
	回答者数（%）	4 (8.7%)	10 (21.7%)	32 (69.6%)	46 (100.0%)

（アンケート調査より作成）

万円なので，薬院地区と比較して 1,000 万円程度の価格差がある[19]。より価格が高い新築物件であれば，この差はさらに広がることは想像に難くない。したがって，子供が２人以上おり 70m² 以上の居住面積を確保したい場合に，都心に住むことを選択すると 1,000 万円以上の負担増を覚悟しなければならない。この負担増に対応できるかどうかが，居住地選択の決定的な要因になると考えられる。

　一方，賃貸の場合はどうか。分譲と同様に子供が２人以上いるケースをみると，薬院地区には居住面積と子供の数に明瞭な関係は認められなかったが，博多南地区においては子供１人以下と２人以上とで明らかな相違があった（表６－７）。子供が１人以下であれば 50m² 未満の住宅に居住する世帯も少なくはないが，子供の数が２人以上になると，50m² 以上の住宅に住む者が急増し，９割を越えるようになる。賃貸居住者は，分譲居住者より若い世代が多く，将来的な地区外転出が予想できるので，多少の手狭さには耐える傾向にあると考えられる。したがって，分譲では子供２人以上で 70m² 以上という分岐点が，賃貸では 50m² にまで下がるのは納得できる。

　薬院地区の賃貸ではそもそも 50m² 以上の住宅に住む者は限られており，全

172 ——◎

表6－7　薬院地区および博多南地区における賃貸住宅の面積と子供の数

(%)

		0人	1人	2人以上	合計
薬院地区	50㎡未満	63.9	75.7	69.7	67.0
	50-70	22.5	13.5	21.1	20.9
	70-90	11.8	10.8	9.2	11.0
	90-110	1.8	0.0	0.0	1.1
	110㎡以上	0.0	0.0	0.0	0.0
	合計	100.0	100.0	100.0	100.0
	回答者数（%）	169 (59.9%)	37 (13.1%)	76 (27.0%)	282 (100.0%)
博多南地区	50㎡未満	28.6	36.4	6.7	24.1
	50-70	35.7	36.4	53.3	40.7
	70-90	35.7	27.3	33.3	33.3
	90-110	0.0	0.0	6.7	1.9
	110㎡以上	0.0	0.0	0.0	0.0
	合計	100.0	100.0	100.0	100.0
	回答者数（%）	28 (51.8%)	11 (20.4%)	15 (27.8%)	54 (100.0%)

（アンケート調査より作成）

賃貸居住者の70%近くは50m²未満の住宅に住んでいる。子供が2人以上いる世帯が，薬院地区の周辺で50m²以上に相当する2LDK～3LDKに住もうとすると，月額賃料として8万円程度は負担する必要がある[20]。しかし，博多南地区周辺における2LDK～3LDKの賃料は5.5万円と2.5万円ほど下がる。薬院地区の周辺の1LDK～2Kの家賃は5万円なので，博多南地区周辺では薬院地区周辺と同じ賃料負担で，もう1部屋確保できる。これらは調査当時のレートであるので，現在はさらに価格や賃料に差が生じているだろう。以上のことから，都心に住むことを選択しなければ，都心とそう見劣りしない利便性を持つ郊外の駅前に十分な居住面積の物件を確保できる。

（4）都心か郊外の駅前か

　都心に住むか郊外の駅前に住むかは，世帯が必要とする居住面積と負担できる居住費によって選択される。上記の分析からみると，1世帯が必要とする居住面積は，子供が2人以上いるか否かで大きく変わる。その閾値は分譲では70m²，賃貸では50m²のラインにある。つまり，子供が2人以上いる世帯は，

この面積を確保できることが，居住地を選択するときの重要な基準になる。

　もっとも今日の少子化の流れの中では，子供はいても1人が主流となりつつある。調査結果もこうした見解に反しない。子供の数が1人までであれば，居住面積がそれほど広くなくとも都心に住み続けることが可能である。実際，都心地区には，こうした需要に対応した住宅が多く供給されている。もし，子供が1人以下の世帯であれば，居住面積を問題とせずに不動産としての価値が高く，魅力の多い都心に住むという選択ができる。後に売却することを考えればなおのことである。しかし，子供が2人以上いる世帯が都心に住もうとすると，相応の住居費を負担するか，居住スペースの不足を我慢するしかない。

　都市のどこに住むかと考えたとき，現実的には郊外の戸建住宅地や駅前住宅，インナーエリアにみられる中層の集合住宅などの選択肢がある。都心からの距離をバーターとすれば，都心と同様の利便性を居住費の負担を抑えて得ることもできる。郊外の駅前にある住宅に住む多くの世帯は，おそらく合理的な判断から，都心と同程度の住居費負担でより広い居住空間を確保できるこの地を選択した可能性が高い。郊外の駅前は，都心とあまり遜色ない利便性を求めるが住居費負担の点から都心を選択しなかった人の受け皿になったと考えられる。

5．都心居住者の住民像と居住地選択のメカニズム

　本章では，福岡市の都心にある薬院地区を事例として，都心には誰が住んでいるのかという点を明らかにすることで，都心居住が選択されるメカニズムについてみてきた。

　薬院地区の住民像は，住宅の所有形態（分譲か賃貸か）により大きく異なる。分譲に住む者の人口ピラミッドには，突出した年齢層はなく，30〜60歳代を中心とする幅広い年齢の住民が確認された。一方，賃貸に住む者の過半は20〜30歳代であるが，それ以外の年齢層も少なくなかった。既存研究において，都心に転入する者の多くが20〜30歳代の若者で占められるが，同時にある程度の熟年層がいることが指摘されていた。こうした結果は，都心が分譲住宅と賃貸住宅が混在する地区であるにもかかわらず，これを区別して分析することがデータの問

題から難しかったためだと考えられる。これを区別してみると，若年が賃貸住宅へ，それよりも高い年齢の者が分譲住宅を中心に転入したと解釈できる。

　既存の調査等では，単身世帯が多いとみる調査もあれば，核家族世帯が多いとするものもあった。薬院地区においても多様な世帯構成が確認された。しかし，世帯構成の時間的な変化を分析軸に加えてみると，比較的すっきりとした解釈が可能である。流動層である賃貸居住者の世帯構成は，ほぼ入居当初から変化しておらず，単身か夫婦のみ世帯がほとんどである。賃貸住宅は入れ替わりが激しいため，ライフスタイルの変化や世帯員数の変化とともに，それに見合った地区へと転出しているのだろうという推測が成り立つ。対して，定住層である分譲では，時間の経過とともに世帯構成が変化していく。そのため，限られたエリアの一時点だけを取り出せば，切り取り方によって核家族世帯や夫婦のみ世帯がとりわけ多いようにみえてしまう。住宅の所有形態や居住年数などが複雑に入り組む都心ならではの地域性が，住民像の把握を困難なものにしている様子が伺える。

　都心に住む彼らの多くは市外出身者であった。これは，分譲・賃貸を問わない。ただ都心への転入経路については，違いがあった。分譲に住む者は，現住地へ転入する前段階として市内のどこかに住んでいた者が多い。これに対して，賃貸居住者は市外からダイレクトに都心に転入する者が目立つ。既存研究において若年層の直前の居住地がさまざまに分化していたのは，賃貸居住者を中心とする長距離移動者と，分譲居住者に多い近距離移動者が，入り混じって抽出されたことによるものと解釈できる。

　分譲居住者の多くに市内での居住歴があることは，住宅を購入する際に都心以外の住宅地も候補地となり得たことを示唆している。都心に住むことを選択させる要因はさまざまであろうが，そのひとつに生活の利便性があるとみてよいだろう。ただ，これには世帯員数と面積という条件が関わってくる。生活上の利便性を確保しつつ，ある程度の居住面積が必要とあれば，おのずと選択肢は限られてくる。これまでの分析を基準とすれば，世帯が必要とする居住面積は，子供が2人以上いるかどうかによって，大きく異なる可能性がある。その閾値は分譲で70m²，賃貸で50m²であると考えられる。現地での住宅価格や家賃の水準からみて，子供が1人以下であれば都心に住み続けることはそれほ

ど困難ではないと思われるが，2人以上いる場合はこの閾値を超える面積が必要になり，居住にかかる負担は分譲・賃貸を問わず重いものとなる。こうなると，多くの世帯は経済的な負担と面積のトレードオフの判断から，都心と同等かそれよりも低い負担で，広い居住面積を確保できる都心以外の住宅地を選択する。都心居住は，子供が1人以下であるか，このトレードオフの選択を迫られないほどに，居住費の負担力のある場合に取られる選択肢であると考えられる。

　もちろん，ここで扱ったのは福岡市という一地方中核都市の事例に過ぎず，このメカニズムが大都市にそのままあてはまるとはいいきれない。大都市は，居住者の住民像も多様であろうし，都心といっても住宅地のグレードに地域差がある。いいかえれば，大都市は都心においても地域分化が進んでおり，住宅の価格や賃料の格差も大きいので，地方中核都市よりも複雑な居住地選択のメカニズムが存在すると考えられる。

【注】

1）都心居住促進政策の経済的な問題点を指摘するもの（福島，1999）から，住環境上の問題を指摘するもの（田辺，2002），日本におけるジェントリフィケーションの兆候に触れたものまで（藤塚，1992），内容は多岐に渡る。

2）海外における都心の人口増加現象に関する研究では，ジェントリフィケーションを扱ったものが多い。そこで指摘されている特徴的な住民属性は，高学歴で共働きの既婚女性（Warde, 1991），単身もしくは小規模世帯のホワイトカラー転入層（Zukin, 1987; Cameron, 1992），立ち退きを迫られる旧住民としての低所得者や高齢者（Stutz, 1976; Kasinitz, 1984; Rollinson, 1990）などである。ただし，これらの研究では，こうした特徴を持つ住民がいることは指摘されているが，彼らの住宅の所有形態や都心への転入経路などは不明である。

3）都心3区およびその周辺区を対象に国勢調査の小地域集計の分析を行った宮澤・阿部（2005）も，人口増加が著しい地区では30歳前後の若者層の転入が多いことを確認しているが，単身世帯だけでなく夫婦のみ世帯や親と子からなる世帯の増加が，地区の人口回復に影響したとの見解を示している。

4）同様に，大阪市においてアンケート調査を行った辻井（2004）も，賃貸・分譲の区別は不明であるものの50歳代以上の住民が3割程度いるとしており，都心居住者としての熟年層や高齢者層の存在が確認できるが，その割合は實（2007）の調査よりも低い。

5）就労を続ける女性が職住近接を志向することから，都心において持家取得に踏み切

る女性の数が今後も増加するとの見解もある（中澤，2003）。

6）分譲マンションの占有面積や販売価格が転入者の年齢構成に影響を与えるとの報告もある（堀内，2009）。

7）たとえば，矢部（2003）の調査票配布地区は2km四方前後であると思われるが，實（2007）の配布範囲は複数区にまたがっており4km四方前後に渡ってデータが収集されていると考えられる。

8）2005年度の国勢調査で，住宅の所有関係別の集計が公表されている単位地域は，人口50万人以上の市区および15大都市の区までであり，こうしたスケールで得られたデータを単一の住宅地のものとして扱うことは難しい。

9）ここでは，著しい人口増減の目安を，メッシュ毎の増加数および減少数の上位2割程度とした。1975〜1980年は人口の減少が確認された全185メッシュのうち，上位23%を占める300人以上減少した地区を当該地区とした。また同様に，1995〜2000年は人口が増加した全303メッシュのうち，上位18%を占める800人以上の人口増加が起きたメッシュを，著しい人口増加が起きた地区とみなした。

10）配布数と住民基本台帳の世帯数が異なるのは，同地区の郵便配達先に居住者がいない店舗や事業所などが含まれているためである。なお，こうした配達先には，調査票を破棄してもらうよう，調査票に記載した。

11）博多南線は，新幹線の回送線を旅客線化したもので，同線の開業によりそれまでバスで1時間程度かかっていた博多駅までの所要時間が約10分に短縮された。乗降客数も開業当初の1990年には一日当たり4,000人程度であったが，2008年には12,205人，2020年には15,664人へと増加している。通勤時間帯である6〜8時台は13〜15分間隔で，それ以外は1時間に1〜2本の割合で博多駅まで運行されている。

12）薬院地区は博多南地区よりも早くから集合住宅の供給が行われていたこと，また同地区には築年数が長い住宅が少数ながら含まれている。そのため，平均建築年数をみると薬院地区の分譲は13.9年，賃貸は15.1年と，博多南地区の分譲10.0年，賃貸11.2年より長い傾向にある（いずれもアンケート調査時点）。

13）薬院地区における分譲居住者の年齢構成は，30歳代26.0%（N=411），40歳代28.5%，50歳代21.2%，60歳代14.6%，70歳代4.9%である。

14）博多南地区の世帯主の平均年齢は賃貸で41.6歳，分譲で52.7歳である。また，賃貸居住者の51.7%（N=98）が20〜30歳代と比較的若いのに対して，分譲居住者は30歳代9.6%（N=52），40歳代38.5%，50歳代26.9%，60歳代13.5%，70歳代9.6%とばらついている。

15）退職者を含むため。

16）移動経路を都心転入直前の移動のみに着目して分析することには限界がある。1回の移動歴だけでは，例えば，都市圏外から移動してきた後，都市圏内での転居を経て現在地に転入した場合と，都市圏内での転居だけを経験してきた場合を識別できない。この問題を回避するためには，現住地への転入以前からの居住歴全体を分析すること

が望ましい。

17）このことは，近隣から都心への短い移動は壮年層が中心であるとする，既存研究における見解と符合する。賃貸居住者よりも年齢が相対的に高い分譲居住者は，直近だけをみれば，たしかに近隣からの移動が中心だからである。

18）新築住宅は販売価格の詳細が公表されない場合が多く，その全容を把握することは非常に困難であるので，ここでは中古住宅を調べた。ただし，詳細調査地区近辺にあり，建築年が1990年以降の新築住宅に近い物件を対象とした。

19）価格は，（社）不動産流通機構が運営する REINS（Real Estate Information Network System）の成約価格データを利用して推定した。薬院地区については，2009年6月〜2010年6月に福岡市中央区で分譲された住宅435件のうち，所在地の町名が薬院か平尾であり，かつ投資目的とみられる1K〜1LDKの物件を除外した26件を抽出した。極端な高価格あるいは低価格の物件を排除するために，1m² あたり価格の第1四分位値と第3四分位値を採用すると27〜34万円 /m² となる。これに住民調査の結果から得られた薬院地区の分譲住宅における平均居住面積83.2m² を乗じると2,246〜2,745万円という推定価格が得られる。また，博多南地区についても同様の条件で抽出した6件の1m² あたり価格は14〜18万円 /m² であるので，これに博多南地区での平均居住面積84.1m² を乗じると1,177〜1,597万円となる。

20）住宅・土地統計報告等の公的なデータでは，細かな町丁目別の賃貸料を知ることはできないので，不動産情報サイト（アパマンショップ・CHINTAI）を利用して，薬院駅・博多南駅から徒歩で15分以内にある賃貸集合住宅で，1LDK〜2K と 2LDK〜3LDK の物件1,855件を対象に価格を調べた。なお，特異値の影響を除くために最頻値で月額家賃を示す。

参考文献

岩瀬禎司・萩島　哲・出口　敦 1994．都心周辺部における中・高層用途混合街区の変容に関する研究．日本建築学会大会学術講演梗概集：151-152.

川相典雄 2005．大都市中心都市の人口移動と都心回帰．経営情報研究　13：37-57.

榊原彰子・松岡恵悟・宮澤　仁 2003．仙台都心部における分譲マンション居住者の特性と都心居住の志向．季刊地理学　55：87-106.

實　清隆 2007．バブル崩壊後における地価下落と大都市での都心回帰現象に関する研究．総合研究所　15：21-34.

高橋友昭 2006．東京圏における近年の人口再集中の動きと都心回帰現象について．人と国土　31：65-68.

田辺正則 2002．都心部の定住人口回復に関する研究—東京都千代田区のファミリー世帯を対象として—．日本建築学会大会学術講演梗概集：521-522.

辻井宏仁 2004．大阪市中央部における人口回帰現象．秋大地理　51：25-28.

中澤高志 2003．東京都心三区で働く女性の居住地選択．地理科学　58：3-21.

長沼佐枝・荒井良雄・江崎雄治 2009. 地方中核都市の郊外における人口高齢化と住宅地の持続可能性─福岡市の事例─. 経済地理学年報 54：310-326.

中山　学・大江守之 2003. 東京都心地区における人口回復過程からみた居住構造の変容に関する研究. 日本都市計画学会　38：49-54.

東村荘祐・出口　敦 2005. 旧博多部における町割の変容と共同住宅利用に関する研究. 日本建築学会計画系論文集　589：107-114.

福岡市住宅供給公社 2005. 『福岡市住宅供給公社 40 年のあゆみ』福岡市住宅供給公社.

福島隆司 1999. 経済学から見た都心居住促進論. 総合都市研究　70：17-27.

藤田　隆 1973. 福岡都市圏における集団住宅地の形成. 地理科学　20：21-30.

藤塚吉浩 1992. 京都市西陣地区におけるジェントリフィケーションの兆候. 人文地理　44：495-506.

堀内千加 2009. 京都市中心部におけるマンション開発と人口増加の動向. 経済地理学年報　55：193-214.

宮澤　仁・阿部　隆 2005. 1990 年代後半の東京都心部における人口回復と住民構成の変化─国勢調査小地域集計結果の分析から─. 地理学評論　78：893-912.

矢部直人 2003. 1990 年代後半の東京都心における人口回復現象─港区における住民アンケート調査の分析を中心にして─. 人文地理　55：79-94.

由井義通 1986. 広島市における中高層集合住宅の開発とその居住者の特性. 人文地理　38：56-77.

由井義通 1991. 住宅供給の類型別にみた居住者特性の分化─福岡市を事例として─. 地理科学　46：242-256.

与那原恵 2002. 都心居住のススメ─私がここに住む理由. 東京人　176：106-126.

Cameron, S. 1992. Housing gentrification and urban regeneration policies. *Urban Studies*, 29: 3-14.

Kasinitz, P. 1984. Gentrification and homelessness: the single room occupant and the inner city revival. *Urban and Social Change Review*, 17: 9-14.

Rollinson, A. P. 1990. The everyday geography of poor elderly hotel tenants in Chicago. *Geografiska Annaler*, 72: 47-57.

Stutz, P. F. 1976. Adjustment and mobility of elderly poor amid downtown renewal. *The Geographical Review*, 66: 391-400.

Warde, A. 1991. Gentrification as consumption: issues of class and gender. *Environment and Planning D: Society and Space*, 9: 223-232.

Yui, Y. 2006. Purchases of condominiums by single women and their backgrounds in Tokyo. *Geographical Review of Japan English Edition*, 79: 629-643.

Zukin, S. 1987. Gentrification: culture and capital in the urban core. *Annual Review of Sociology*, 13: 129-147.

第 **7** 章

都市空間はいかにして形成されたのか
—福岡市におけるウォーターフロント開発とその変質—

1. はじめに

　都市空間はどのように形成されるのだろう。長い歴史を経て形作られることもあれば，都市計画により生まれることもある。都市は商業地が広がる空間や行政機関が集まる空間など数多の空間から成り立っている。なかでも面積的に大きな割合を占めるのが住宅地という空間である。

　現在，我々が目にする都市の多くには，郊外という巨大な住宅地に特化した空間がある。都市の外縁に広がる郊外の形成には，拡大団塊の世代という巨大なボリュームを持つ集団のライフコースが深く関わっている。彼らの膨大な住宅需要が都市の縁を外側へと押し広げたことは，先に見たとおりである。当時の住宅地開発の方向軸は，都市の外延方向へと向かっていた。その後，彼らの住宅需要が落ち着くと，新たな開発の核が都心付近にみられるようになる。こうした動きのひとつに，ウォーターフロントにおける都心再開発がある。町村(1994) によれば，この頃は大都市が世界都市化戦略を取ることで，都市の再活性化をめざしていた時期だという。氏の見解に従えば，当時の大都市における開発は，都市機能や管理機能をいかにグローバル化に対応させるかに力点が置かれていたと捉えられる。

　ロンドンやニューヨークなど，世界の各都市におけるウォーターフロント開発が盛んであった頃，日本においても同様の動きが見られた。ただし，開発コンセプトに関していえば，欧米とは考えを異にしていたように思える。欧米の

ウォーターフロント, とりわけ都心周辺に位置する旧港湾地区などは, 老朽化した建物が立ちならぶ荒廃した地区であり, 多くは低所得者の居住地として認識されていた[1]。こうした地区は都市計画的には衰退地区と位置づけられ, 環境の改善が急務とされることが多い。欧米におけるウォーターフロント開発には, こうした地区に資本を投下して集客性の高い商業施設や高級な住宅を建設するなど, 物理的な環境を整えることによって地区の状況を改善しようとする, スラムクリアランスの意図が見て取れる[2]。

しかし, 1980年代以降の日本におけるウォーターフロント開発に, こうした意図はなく, あくまでも都市に不足していた空地・空間を供給することが主たる目標であったように思える[3]。大雑把にいってしまえば, 都市空間の物理的な拡大が計画の主目的であった。その背景にあるのは, 1980年代から始まった地価の高騰である。工業から金融・サービス業へと産業構造の転換を迫られていた都市は, 住宅地やオフィス用地の不足が, 深刻な都市問題となっていた。これを都市計画の文脈の上で読み替えれば, 日本におけるウォーターフロントは対策が必要な衰退地区ではなく, 都市経済の成長戦略を後押しするため, 積極的に活用すべき空間として認識されていたと考えられる[4]。すなわち, 欧米のウォーターフロント開発が低い地価を生かして投資を引き込むことで, 地区の再生を果たそうとしたのに対して, 日本では都市計画のための受け皿を都心周辺部に確保しようとした狙いの相違がある。

欧米と日本では, ウォーターフロント開発に対する目標設定は異なっていた。しかし, そこに供給された住宅の多くが, 高所得者向けのものであった点は共通している。例えば, 欧米ではプライベートビーチやヨットハーバーに隣接するコンドミニアムなど, 水辺にあることを活かしライフスタイル面での付加価値を高めた住宅や, 老朽化した倉庫や工場の歴史的なイメージを保持したままリノベーションを行うことで, 魅力の呼び起こしを図った住宅などがこれにあたる。欧米ほどではないにしろ, 日本において供給されたのも, 一定水準以上の費用を負担できる所得階層向けの物件が中心であった。

こうした都市空間の再編を巡っては, 特定の性格を持つ住民の存在が影響した可能性が指摘されてきた。例えば, 学生である。Smith（2005）は, 高学歴

の学生が集中する地区では，彼らの住宅需要やライフスタイルが地区の住宅ストックや年齢構成に影響を与えることを指摘している。実際，メルボルン市では留学生の増加により，都心に学生向けのアパートが目立つようになり地区の様相が変わったことも報告されるなど，学生という特性を持つ存在が都市空間の変化に影響を及ぼしている（Tsutsumi and O'Conner, 2011）。日本においても，1990 年代後半に確認された開発は，特定の価値観を持つ専門家や技術者の影響が大きかったという指摘もある（Fujitsuka, 2008）。

誰がそこに住むのか

　都市空間の変化，特に住宅地においてはこの疑問が付きまとう。ファミリー層か，若者層か，学生層か，富裕層か，貧困層か。とりわけ新しく造られる都市空間に関しては，あらかじめその空間を利用する誰かが想定されることも少なくない。住宅地であれば，所得階層や世帯構成などである。計画のうえで描かれた住民像をもとに，住宅の価格や間取りが決定され新たな都市空間（住宅地）が形成される。

　では，ウォーターフロント開発では，誰がそこに住むと想定されたのか。これまでの研究から，ウォーターフロント開発により造られた地区の住民像が，ジェントリフィケーション研究の中で指摘されてきたそれと重なる点が多いことがわかっている[5]。彼らは管理職や専門職に就く人々で，近年の社会経済構造の再編の中から生まれてきた経済的なゆとりがある人として描かれる（Smith, 1987）[6]。バンクーバー市の住宅地開発について報告した香川（2000）は，開発地区にはホワイトカラー色が強い住民が多く，彼らの所得階層が高いことを推測している。

　日本ではこの時期のウォーターフロント開発により造成された住宅地に着目した研究は限られている。しかし，居住者という視点に特化すれば，東京都のウォーターフロントに造られた住宅を分析した高木（1996）の研究が参考になる。氏は居住者アンケートから住民属性と社会関係を分析し，年収 1,000 万円以上の世帯が全体の 8 割近くを占めていることや，世帯主の職業が管理職・専門職・自由業が約 7 割と高いことをあげ，居住者の多くは高収入であり管理職

や専門職に就く者であることを見いだしている。ここからも住民が富裕層であるとの示唆は得られる。

　しかし，こうした特徴を持つ彼らの存在が，実際の再開発の態様にどのような影響を与えたかについては，いまだ不明瞭である。ウォーターフロントを扱った研究は，開発コンセプトに関する議論か実務的な手法を分析したものが大半であり，開発のプロセスが明らかにされることはあまりない（Breen and Rigby, 1994；財団法人神戸都市問題研究所, 1993；渡邊, 1991 など）。それゆえ，もし実際に行われた計画の開発プロセスを明らかにできれば，富裕層の存在が都市空間の形成に与えた影響を解明することが可能になる。つまり，都市空間がどのように形成されるかという，冒頭に上げた疑問の一端に答えることができるかもしれない。以上を踏まえ，本章では実際に行われたウォーターフロント開発を取り上げ，そこにおいて富裕層の需要に見合う住宅地が形成されたプロセスを追うことで，都市空間がいかに形成されたのかを見ていきたい。

　分析対象は，計画の開始から約 30 年を経て一応の完成をみた，福岡市の埋立地開発事業（西部地区臨海土地整備事業）である[7]。この事業を選択した理由は，計画の途中段階において，中間所得者層向けから富裕層向けの住宅地へと，開発コンセプトが変更された開発経緯を持つ点にある[8]。計画が高級路線に変更された背景には，事業者が販売ターゲットを中間層から富裕層へとシフトしたことが影響している。ゆえに，開発プロセスを時系列で詳らかにすることにより，富裕層という存在が都市空間の形成に及ぼした影響を考察できると判断した。

2. 研究方法と地区の概要

(1) 研究方法

　開発の結果形成された地区に誰が住んでいるのか。事業者がターゲットとした住宅需要者像を把握するためにも，対象地区であるシーサイドももち・マリナタウン地区の住民像を考察しておく必要がある。これには，住民属性と分譲当初の福岡市における住宅の供給状況から分析を試みた。住民属性について

は，住民に対して行ったアンケート調査のデータを用いた。

　次に，事業者である福岡市が，計画途中で販売ターゲットを中間層から富裕層へ変更した経緯を明らかにする。しかし，一般的にこうした公的な事業計画が変更される際には，事前に民間や他の自治体から事業に対する提案や要望が行政側に持ち込まれるなど，水面下での動きが影響を及ぼしていることが多い。こうしたアクターの駆け引きが事業計画に少なからぬ影響を及ぼすのだが，彼らの話し合いの内容が公的な文書資料として残されることはまず無い。そこで一般に入手できる公的な資料の分析に加えて，当時，開発計画の全面に関わった事業担当者に詳細な聞き取り調査を行うことで，開発コンセプトが大幅に変更されるに至った要因の把握に努めた。

（2）アンケート調査の概要

　アンケート調査は2008年7月に早良区百道浜3・4丁目および西区愛宕浜1・4丁目の全世帯を対象に行った。日本郵便の配達地域指定郵便を利用して，調査時点における全配達先（2,858）へ郵送し，通常郵便で回収した。調査内容は居住者の出身地・世帯構成・職種・職場までの距離・日常の交通手段などである。回収数は532，同年9月時点の世帯数（2,695）に対する回収率は19.7%である[9]。なお，住民属性の分析には住宅の所有形態が重要になるが，シーサイドももち・マリナタウン地区では，戸建・集合の形態を問わず多くが分譲住宅であるので分譲のみを対象とした[10]。

（3）調査地区の概要

　ここで取り上げるウォーターフロント地区は，市街地の無秩序な拡大や住宅不足といった当時の都市問題への対処を目的として，都市計画により造られた埋立地である。地区はシーサイドももち地区（中央区地行浜1丁目，早良区百道浜1・2・3・4丁目）とマリナタウン地区（西区愛宕浜1・2・3・4丁目）からなる（図7-1）。開発経緯を分析したシーサイドももち地区には，住宅だけでなく企業のオフィス，図書館・博物館のような文教施設，また福岡ドーム・福岡タワーのような観光施設もある。

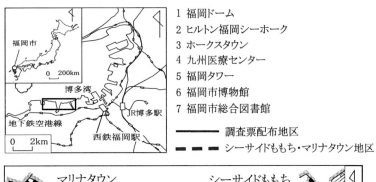

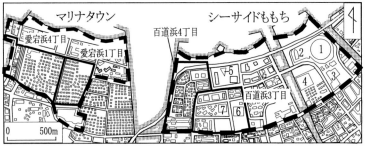

1 福岡ドーム
2 ヒルトン福岡シーホーク
3 ホークスタウン
4 九州医療センター
5 福岡タワー
6 福岡市博物館
7 福岡市総合図書館
────── 調査票配布地区
― ― ― シーサイドももち・マリナタウン地区

図7－1　調査地区

(1/25,000 の地形図より作成)

　アンケート調査を行ったシーサイドももち地区とマリナタウン地区は，福岡市の繁華街天神地区から 3.5 ～ 6km で自家用車やバスで十数分の位置にある。最寄駅は地下鉄空港線の藤崎駅・室見駅・姪浜駅で，天神駅まで 10 分程度である。駅から住宅地までの直線距離は 700 ～ 1,000 m ほどあるが，バス路線が発達していることや自宅から徒歩数分の位置にバス停があるため，最寄り駅や都心までバスを利用する者も少なくない。両地区は都心からの位置・交通条件・住宅の種類など類似点が多い [11]。

3．どのような人が住んでいるのか
　―アンケート調査からみた住民像―

　調査をもとにシーサイドももちとマリナタウン地区の住民像を描いてみたい。世帯主の平均年齢は 60 歳前後（調査時点における）であったが，年齢層は 30 〜 70 歳台と幅広く，特定の年代への偏りはなかった [12]。彼らの多くはホワイトカラー職にあり，とりわけ管理的職業や専門技術職に従事する者の割合が高い（表 7 - 1）。福岡市において管理的職業と事務に従事する者の割合は 16.3% であるが，シーサイドももち・マリナタウン地区の同値はおよそ半数であるので違いは明白である。彼らの平均通勤時間（片道）は 30 分前後と職住が近接していることがわかる [13]。彼らの通勤時間と職種から判断して，天神地区や博多地区で就業している可能性が高い。

　職住が近接し，ホワイトカラー職が多いという特徴は，前章で見た福岡市の

表 7 - 1　シーサイドももち・マリナタウン地区の世帯主の職業種別分類

(%)

| | シーサイドももち・マリナタウン地区 | | 福岡市 |
	戸建分譲住宅	集合分譲住宅	
管理的職業	49.4	48.8	16.3
事務	8.3	7.8	
専門技術	14.7	19.4	13.3
サービス	7.7	0.8	18.9
販売	3.2	3.9	20.5
生産	1.3	0.8	19.6
その他	15.4	18.6	11.4
回答者数	156	129	663,826

（シーサイドももち・マリナタウン地区はアンケート調査・
福岡市の数値は国勢調査（2010）より作成）

注）ここでは事務・管理的職業を国勢調査の産業分類（運輸業・郵便業・情報通信業・金融業・保険業・不動産業・物品賃貸業）とした。その他の分類は以下の通りである。専門技術（教育・学習支援業・医療・福祉・学術研究・専門・技術サービス業），サービス（宿泊業・飲食サービス業・生活関連サービス業・娯楽業・電気・ガス・熱供給・水道業・その他のサービス業），販売（卸売業・小売業），生産（農業・林業・漁業・製造業・建設業），その他（その他の分類）．

都心（分譲住宅）に住む者にも共通している（長沼・荒井，2010）。しかし，シーサイドももち・マリナタウン地区の住民は，管理的職業にある者の割合が前述の都心居住者よりも高いため，同地区には市の中でも高額な居住費を負担できる人々が，居住しているとの推測が成り立つ。この説を補強するため，1980～90年代当時の住宅の供給状況と居住地の選択過程から，どのような人がシーサイドももち・マリナタウン地区に入居できたのかを検討する。

　当時，福岡市において住宅を購入するには大きく4つの選択肢がありえた。1つめは都心の集合住宅，2つめはシーサイドももち・マリナタウン地区のような都心周辺に造られた集合住宅，3つめは同地区にある戸建住宅，4つめが郊外の戸建住宅である。

　このうち，都心あるいは都心周辺の住宅地には，交通の利便性，就業地への近接性，デパートや映画館といった商業施設へのアクセスのよさなど，都心ならではの賑わいが享受できるメリットがある。シーサイドももち・マリナタウン地区の住民も，都心ならではの賑わいがあることだけでなく，交通の便のよさや徒歩圏にスーパーマーケット[14]や病院があることなどを定住希望理由の上位にあげている。このことから，同地区にも都心にある住宅地と同等のポテンシャルがあり，郊外住宅地との差異化が図られていることがわかる（表7-2)。よって，住宅需要者が都心に住むことで得られる生活の利便性を優先して，

表7-2　シーサイドももち・マリナタウン地区における定住希望理由

(%)

	戸建分譲住宅	集合分譲住宅
海や山など自然環境が豊かだから	26.9	24.1
都心に近く便利で賑わいがあるから	19.2	19.8
交通の便がよく，通勤・通学が楽だから	18.0	16.6
職場・学校の近くだから	3.7	2.6
福祉や医療サービスが充実しているから	6.5	13.4
居住費が安いから	1.2	0.0
歩いていける範囲にスーパーや病院があるから	18.5	18.0
実家の近くだから	1.7	1.7
その他	4.2	3.8
回答者数	401	344

（アンケート調査より作成）

居住地を選択するのならば，郊外を除いた３つが有効な選択肢となる。

　このうち集合住宅の選択については，居住（占有）面積と住宅価格のトレードオフの関係から説明できる。シーサイドももち・マリナタウン地区には単身世帯が少なく，中心はファミリー世帯である [15]（表７−３）。ワンルームの物件が多く供給されている都心とは異なり，シーサイドももち・マリナタウン地区ではファミリー世帯向けの集合住宅が多い（長沼・荒井，2010）。したがって，世帯員数が多ければ，十分な居住面積を確保できる当該地区が有力な候補地となる。

　次に働くのが居住費によるフィルタリングである。都心にある薬院地区（ワンルームかそれに相当する物件）とシーサイドももち・マリナタウン地区において（3LDK 〜 4LDK のファミリータイプ）集合住宅を購入するケースを想定してみよう。薬院地区の物件は 2,000 〜 3,000 万円台，シーサイドももち地区では最低でも 5,000 万円程度の費用を負担しなくてはならない [16]。都心にはファミリータイプの物件の供給は少なく，あったとしても相当に高額である。したがって，都心の利便性を期待するファミリー世帯にとって，居住面積を確保できるシーサイドももち・マリナタウン地区の集合住宅は有力な購入候補になる。しかしながら，当時の福岡市において 5,000 万円台の居住費を負担できる世帯は限られるので，多くは都心や都心周辺部に住むことを断念せざるをえなかったと考えるのが妥当であろう。以上から推察するに，シーサイドももち・マリナタウン地区の集合住宅には，相応の居住費を負担できるファミリー世帯が入居したと推測できる。

　では，シーサイドももち・マリナタウン地区の戸建住宅はどうであろうか。同地区は都心住宅地と同等の利便性を得られる立地にありながら，郊外と比較しても遜色のない居住面積が確保されている。そのため居住面積の点に関して郊外の戸建住宅に劣ること

表７−３　シーサイドももちおよびマリナタウン地区における世帯構成

人（%）

	戸建住宅	集合住宅
単身	9 (4.0)	10 (5.5)
夫婦のみ	87 (38.8)	85 (46.5)
親と独身の子	97 (43.3)	67 (36.6)
親と子供夫婦のみ	4 (1.8)	3 (1.6)
三世代同居	9 (4.0)	2 (1.1)
その他	18 (8.0)	16 (8.7)
回答者数	224 (100)	183 (100)

（アンケート調査より作成）

はなく，十分な競争力を持ちえている。くわえて，同地区は都心にありながら
自然環境のよさが定住希望理由の上位にあがる。このことから，都心の住宅地
においてマイナス面（居住面積の狭さや騒音・空気の悪さなど）となる要素が少な
く，総じて良好な住宅地区として認識されていることがわかる。

　都心に近いことの利便性を持ちながら，往々にして都心の住宅においてマイ
ナスとなる要素が少ない住宅地は，当然のことながら住宅地としての魅力は高
い。しかしここでも，最終的な居住者は住宅価格により選別される。1985 年
以降に福岡市住宅供給公社が供給した戸建分譲住宅地は，9 地区 548 戸ある。
このうち，シーサイドももち・マリナタウン地区を除くすべてが郊外に造成さ
れている。シーサイドももち・マリナタウン地区を除いたこれらの地区の平均
住宅価格が 3,333 万円であるのに対して，シーサイドももち地区の平均価格は
8,567 万円で，少し価格が下がるマリナタウン地区でも 5,657 万円と，当時と
しても相当に高額であったことがわかる [17]。公共事業である住宅供給公社よ
りも，民間事業者による物件の方が高価格になる傾向があるので，当該住宅地
で販売された民間事業者の物件にはこれよりも高額なものが多数含まれていた
と思われる。実際，地元ではシーサイドももち地区の戸建住宅は，「1 億円を
超える物件が飛ぶように売れた」「医者と弁護士にしか住めない」といわれる
ほどに高額な物件が販売されたことで知られる [18]。以上のことを勘案すると，
やはり集合・戸建を問わずシーサイドももち・マリナタウン地区に住む者の多
くは，高額な居住費負担に耐えうる収入を得ている人々であると判断しても差
し支えないだろう。

4．開発コンセプトの変遷

　さて，高級住宅地として知られるシーサイドももち・マリナタウン地区であ
るが，事業主である福岡市は計画当初から高級路線を目指していたわけではな
かった。そもそも，地方公共団体である福岡市が，高級住宅地の造成という意
思決定を行ったのはなぜだろう。この点について，シーサイドももち地区の形
成過程を手がかりにして探ってみたい。具体的には，事業計画が数度に渡って

表7－4　シーサイドももち地区における主な都市計画の変遷

年	西部地区臨海土地 整備事業をめぐる動き	シーサイドももち地区における動き
1976	福岡市基本計画策定	
1977	第4次福岡市基本計画策定	
1978	博多港港湾計画（改）策定	「博多湾整備事業対策協議会」を市役所と港湾局に設置
1981		博多湾整備事業対策協議会開催 公有水面埋立免許出願願を博多港港湾局へ提出
1982		埋め立て工事着手
1984		「海浜都市土地分譲計画委員会」を設置
1986		埋め立て完了。土地処分開始 中国総領事館の用地申請をうけ住宅用地を市民局に売却
1987	福岡市基本構想 ─マスタープラン策定	博物館・病院・消防署の用地申請をうけ 土地利用の変更が許可される 戸建住宅の導入が許可される 住宅用地を早良消防署用地として消防局に売却 福岡市博物館用地を福岡市教育委員会に売却 タワー用地の取得申請をうけ 住宅用地を福岡タワー株式会社に売却 福岡市住宅供給公社・住宅都市整備公団へ住宅用地を売却
1988	第六次福岡市基本計画策定	韓国総領事館の用地申請をうけ住宅用地を大韓民国に売却 「シーサイドももち土地利用検討委員会」を設置 「シーサイドももち土地利用検討報告書」を福岡市長に提出 スポーツ・レクリエーション施設用地を 福岡ダイエー・リアル・エステートに売却
1990		ソフトリサーチパーク用地を麻生地所・松下電器産業・ 日本電気・大宇グループ・シティ銀行グループ・富士通・ 日立製作所に売却
1993		福岡市総合図書館用地・養護学校用地を教育委員会へ売却

（福岡市史・博多港史・福岡市ならびに福岡市港湾局資料より作成）

　変更され，最終的に高額な物件が販売されるに至った経緯を，コンセプトの違いから開発期間を3つにわけた上で整理・検討していく（表7－4）。

（1）計画の変遷

1）1976～1984年頃まで　─中間層向けの団地─

　計画が発起された1970年代の福岡市では，拡大団塊の世代の住宅需要の高

表7-5　シーサイドももち地区における土地利用計画の変遷

(%)

	計画初期 1984年ごろ	1988年時点	シーサイドももち 土地利用検討委員会 (1989年) 以降
住宅用地	48.6	41.0	21.0
道路・公園用地	29.9	30.0	31.0
教育施設用地	17.0	12.0	8.0
その他の用地	4.5	17.0	40.0
総面積	1,383,386㎡	1,383,386㎡	1,383,387㎡

(シーサイドももち土地利用検討報告書・博多港史・福岡市港湾局資料より作成)

まりと市街地のスプロール化が進んでいた。無秩序な市街地の拡大を抑制することが急務であるとみた市は，大規模に土地を造成できるウォーターフロントの開発に目をつける。シーサイドももち地区における開発も，当初は乱開発の防止と大規模な住宅地の造成を目的としていた。このときのシーサイドももち地区における住宅地の予定面積は，全開発面積（護岸敷地と道路用地を除いた1,112,961㎡）の約6割を占めていた（福岡市港湾局，2000）。住宅地以外の土地利用計画をみても，学校のような教育施設や公園などが多くを占めている。このことからも，市が住宅地に特化した都市空間の形成を目指していたことがわかる（表7-5）。

　この時点における開発計画の計画人口は26,000人で，1ha当たり380人と相当な密度での居住が想定されていた（福岡市，1990）。計画されたのは6,850戸の中・高層の集合住宅で，1ha当たりでいえば約100戸が建設される予定であった。同時期に福岡市住宅供給公社が造成した，標準的な団地である室見団地が1ha当たり80戸であることからみても，福岡市は住宅の大量供給に重点を置いた住宅地の造成をめざしており，そこで想定されていたのは中間所得者層むけの住宅であったことがわかる（福岡市住宅供給公社，1995）[19]。

2) 1985～1988年頃まで　―都市空間としての転換点―

　シーサイドももち地区の開発計画が構想された1970年代は，住宅の絶対数を増加させることが，福岡市の都市計画に課された命題であった。しかし，

1975 年頃から公共機関が供給する集合住宅は，「遠・高・狭」といわれ住宅需要者に敬遠され始めていた。住宅需要者の要望は量から質へ転換していた（福岡市，1990）。戸建・集合を問わず優良な住宅が求められ，いまさら団地型の住宅を建設しても入居者が確保できないことは明白であった。こうした不満を掬い取る形で，広さや設備を充実させた住宅が民間住宅業者の手によって供給されるようになると，公共機関は彼らとの販売競争を余儀なくされた。もはや公共機関が供給する団地型の住宅に対する需要は，相当に低下していたと考えられる（福岡市住宅供給公社，1995）。こうした住宅をめぐる状況の変化は，住宅の売れ残りという新たな問題を生み出していく[20]。

　住宅不足を補うため住宅の絶対数を確保するとした計画の前提が，揺らいでいた。しかし，すでに，ウォーターフロントには広大な土地が造成されていた。福岡市は土地を分譲するために奔走するが，販売実績は芳しくなかった[21]。

　ところが，1990 年代になると状況が一変する。グローバリゼーションの加速とともに，都市では世界都市化戦略のもとウォーターフロント開発が活発化する（町村，1994）。この動きが，シーサイドももち地区の事業にも影響を与えた。具体的な転機となったのはアジア太平洋博覧会の開催である。1990 年に開催されたアジア太平洋博覧会，通称よかトピアは市政 100 周年事業として公約されたものであり，国際化を目指す福岡市にとって，博覧会の成功は最重要事項であった。

　博覧会の開催は，シーサイドももち地区の土地利用にも多大な影響を与えた。1985 年の時点で大規模な空地であった当該地区を博覧会の会場とすることは決定していた。しかし詳細な土地利用については未定のままであった。ここに後の空間利用の方向性を決定付ける事案が持ち上がる。博覧会の目玉である「金印」の展示をめぐる問題である。「金印」は国宝であるがゆえに，仮設の建物では公開ができず，文化財保護法の規定にしたがって「金印」を展示するには恒久的な建物が必要であった。そこで福岡市は建設地が未定であった福岡市立博物館を博覧会のメイン展示場として，シーサイドももち地区に建設することを決定する。続いて，同時期に民間企業の間で持ち上がっていたテレビタワーの建設計画についても，この塔（テレビタワー）が博覧会のシンボルタ

ワーとして，ランドマークになるという意見が博覧会側から出され，後に電波塔として利用される福岡タワーの建設も決定された（草場，2010）。いずれも当初の計画にはなかったものである。

博覧会が及ぼした影響は建築物だけではなかった。博覧会の開催地として全国的な知名度を得たシーサイドももち地区は，都心周辺にある有用な都市空間として認識されるようになった。これにともないオフィス需要が高まるのだが，当時の土地利用計画のままでは，オフィス等を建設することができなかった。これを受けて，企業からは福岡市に対してこれを可能にするように計画そのものの変更が要請された。また，市の教育委員会や消防局からも，博覧会後の土地利用に対する諸処の要望も持ち込まれた。さらに，1986年には住宅用地として計画されていた地区を，中国総領事館用地に変更したいとの申し入れが，中華人民共和国駐福岡総領事と福岡市市民局からなされ，同年に領事館用地としての売却が決定された。翌年には病院用地，消防署用地，高速道路用地の規模拡大など，土地利用に関する変更要請が出され，これを飲む形で計画は変更された（福岡市，1990）。

結局，1988年までの間に総面積の1/4以上が計画当初とは異なる土地利用へと変わり，住宅地に特化していた地区はオフィスや博物館のような都市機能を補う用途へと変質した（シーサイドももち土地利用検討委員会，1989）。こうしてシーサイドももち地区は売れない土地から都市計画の上で有用な都市空間へと評価を一変する。

地区に対する評価の変化は，住宅地の形態にも影響を与えた。計画当初，福岡市は住宅供給公社や住宅・都市整備公団のような公的機関に住宅の建設販売を任せる予定であった。しかし，これらの機関が土地の引取りを躊躇したことや，思うように売れない土地の売買状況を考慮した福岡市は，1987年に公社と共同開発という形ではあったが，民間住宅事業者の参入と戸建住宅の導入を事実上認めた（福岡市港湾局，2000）。

こうしてシーサイドももち地区の住宅地は，計画住宅数が5,400戸，計画人口は20,000へと規模を縮小された。それでもまだ，総面積の4割程度（41%）が住宅用地として確保されており，計画の上では住宅地としての土地利用が高

い割合を占めていた（シーサイドももち土地利用検討委員会，1989）。

3）1989 年以降　―高級路線へ転換―

　すでに開発担当者の中で共有されていた当該計画に対する開発方針は，当初のものとは様相を異にしていた。しかし，書類の上で土地利用計画が書き換えられるのは 1988 年の第六次福岡市基本計画においてであった。同計画において，シーサイドももち地区の新しい土地利用計画が，土地利用検討委員会によって作成され，分譲済みもしくは旧計画からの変更が難しい地区を除いた，分譲予定面積の約半分に当たる街区の計画が変更された。地区は 6 つにゾーニングされ，福岡ドームやオフィスビルが建設されるなど，ほぼ現在の土地利用に即した形となる（シーサイドももち土地利用検討委員会，1989）。

　こうして住宅用地はオフィスやホテルなどの商業用地に用途を変更され，ついには総埋立面積の 21% にまで削減され，計画住宅数 3,000 戸，計画人口 10,000 と計画当初の 4 割程度にまで減少した（表 7 - 5）。地区は名実共に，住宅地に特化した空間としての性格を失ったが，こうした方針の転換が住宅地に新たな付加価値を与える余剰効果をもたらすことになる。

（2）どのような住宅地が造られたのか

　度重なるコンセプトの変更によって造成された住宅地はどのようなものであったのか。景観の点から地区の様相を見ていこう。地区には図書館や博物館などの文教施設があり，街角には著名なアーティストによるオブジェが配されている。またモダンなデザインの建築物も多い。こうした街なみは，博覧会と同時期に開催された住宅環境展の影響を受けており，この時に造られた建築物が後の住宅や景観デザインの基礎になったと考えられる[22]。近隣にある西新地区や地行地区といった住宅地とは一線を画する景観が，ここには広がっている。

　当時の開発事業者が，どのような住宅地を目指していたのかは，福岡市住宅供給公社が，地区の開発コンセプトを示すシンボルとして建てた集合住宅クリスタージュや，百道浜 4 丁目の戸建住宅から知ることができる[23]。クリスター

ジュは高いデザイン性と高品質な居住をコンセプトとして設計された集合住宅群で，「ステータスを感じさせる住宅」「脱団地」をキーワードに，リビングのリバーシブルプランや間取りのオーダーメイド方式など，当時としては革新的な考えが持ち込まれた（福岡市住宅供給公社，1995）[24]。西鉄福岡駅からの距離と建設時期がクリスタージュとほぼ同じ，リバーコート大橋南の価格（平均）と比較すると，クリスタージュは4,835万円とリバーコート大橋南の1.5倍ほど高額で，面積も102.9㎡と20㎡近く広く取られるなど，クリスタージュが高価格・高付加価値の住宅として売り出されたことがわかる[25]。

　このような高級化路線は戸建住宅においてより顕著に見られる。百道浜4丁目の住宅地は外溝が御影石で造られるなど，住宅地の高品質化にいっそうの重きがおかれている。都心に近いにもかかわらず，戸建住宅として建築販売された当該物件は，分譲価格（平均）が8,567万円と，同時期に分譲されたリーフタウン香椎南の価格（平均）4,213万円のほぼ2倍である[26]。こうした住宅地の高級化路線は，敷地面積にも現れている。百道浜4丁目で販売された物件の敷地面積（平均）は256.9㎡と，西鉄福岡駅からの距離が百道浜4丁目までの距離の約2倍にある住宅地，リーフタウン香椎南の1.3倍も広く設計されている[27]。つまり，都心と同等の利便性を確保できる立地にありながら，郊外の戸建住宅以上の居住面積が確保されている。こうしてみてみると，この地区に造られた物件は，戸建・集合を問わず高額の居住費に耐えうる層を販売ターゲットとしていたことがわかる。市内で同時期に分譲された他の住宅地と比較しても，明らかに異なる戦略でもって造成販売がなされたことは明白である。

　もちろん，福岡市においても，浄水通りや大濠地区など高所得者が集住する住宅地は，古くから存在していた。しかし，当時の住宅需給の状況では，都心近くにある既存の高所得者向け住宅地に，新たな富裕層を受け入れるだけの空間的な余裕はなかった[28]。この頃の福岡市の住宅市場においては，高付加価値の住宅は需要があっても供給は限られていた。質の高い中間所得者層向けの住宅だけでなく，富裕層向けのそれも不足していたのである。戸建住宅を望むのなら郊外を選ばざるをえなかった状況下において，都心の近くに庭付きの一戸建を所有できるシーサイドももち地区は，住宅地としての利便性だけでな

く，ここに住むことそのものがステータスとしての一面も兼ね備えていた。バブル経済が弾ける直前で容易に金融機関の住宅ローンを組めたとはいえ，1億円を超える物件は高価であったことは間違いない。それにもかかわらず，多くの物件が30倍を超える倍率で売れたことは，富裕層向けの住宅に対する潜在的なニーズが高かったことを意味する。

（3）福岡市の経営戦略

　ここで改めて，なぜ福岡市は富裕層をターゲットとした住宅地の開発を選択したのかについて考えてみたい。計画当初は，住宅数の確保が至上命題であった福岡市が，使途の定まっていなかった土地に，大量の住戸を供給できる団地型の住宅地を造ろうとしたことは，自然な判断であったと納得できる。しかし，時間の経過と共に団地型の住宅に対する需要が低迷し，広大な埋立地が処分に困る土地となることが明らかになる[29]。福岡市は広大な土地の買手探しに奔走するが，その背景には公共事業として損失を出すわけにはいかないとの差し迫った危機感があったのだろう。

　その後の博覧会の開催により，福岡市は対応に苦慮していた土地が，世界都市化戦略の下においては有用であることに気がついたのだろう。一変した評価に添う形で，市はこれまでとは異なる開発方針を打ち出していく。そのひとつが，中間所得者層から高所得者層へと住宅の販売ターゲットを変更するというものであった。住宅困窮者とはいい難い富裕層向けの住宅地を，公共団体である福岡市が造成する社会的な意義は希薄であり，彼らを住宅需要者とみなす視点は，本来，市には存在していなかった。しかし，この時の福岡市には公的事業で損失を出してはならないという，のっぴきならない使命が課せられていた。民間からの後押しがあったとはいえ，地方公共団体である福岡市が，富裕層の需要に見合う住宅地を造れば収益が見込めると気づいたことは，市の経営戦略に大きな変質をもたらした。土地を売り残さず事業損失を出さないために，福岡市は高級住宅地を造るという選択を棄却できなかったのだろう。多くの住宅需要者に住宅を供給するという公共の立場と，公共事業で損失を出してはならない経営者としての立場がせめぎあい，後者の立場が優先された結果が

高所得者層向けの住宅地という帰結であったと考えられる。

5．こうして都市空間は形成された

　これまで福岡市が行ったウォーターフロント開発を事例に，都市空間がいかに柔軟に形成されたのかをみてきた。結局のところ，市が開発コンセプトを変更してまで，富裕層向けの住宅地を造成したのは，社会状況の変化を見据えた事業主としての戦略であった可能性が高い。

　富裕層向けの住宅地が形成されたプロセスをまとめると，概ね次のようなものであった。計画当初，ウォーターフロント地区には中間所得者層向けの団地が造られる予定であった。しかし，土地の造成が終了したとき，住宅需要は量から質を求めるものへと変化していた。もはや，公共団体が提供するような団地型の住宅に対する需要はそう高くはなかった。まだ世界都市戦略といった概念も市にはなく，このときのウォーターフロント地区の評価は低いものであった。いうまでもなく，価値がある都市空間としての認識もなく，結果として土地の販売は振るわなかった。

　転機となったのは博覧会の開催である。地区は博覧会のメイン会場となったことで，全国的な知名度を得る。また，博物館や図書館などが誘致されたことで，地区は文教地区としての認識が定着した。また著名な建築家の手による建築物が林立したことで，地区にはモダンで洗練された景観が形づくられた。なにより大きかったのは，この地区が都心に近く，付加価値が高い空間だと認識されたことであろう。この頃になると，地区の評価は売れない土地ではなく，有用に活用すべき都市空間へと変わる。

　こうした状況の変化を察知した福岡市は地区に対する評価を見直し，販売ターゲットを中間所得層から富裕層へとシフトするという戦略を取る。こうして，ウォーターフロント地区に富裕層向けの住宅地が出現することになった。これほどまでに計画のコンセプトを変更できたのは，事業者が刻々変化する都市空間の需要を読み取り，それに見合う形に計画を柔軟に変更できたことが大きい。

　福岡市が直面する都市問題は，社会状況と共に変化してきた。計画当初におけるそれは住宅の不足であった。ゆえに開発計画の主目的が，住宅の大量供給にあったことは納得がいく。しかし，土地の造成が終了する頃になると，住宅需要の質が変わり，団地型住宅の開発は見直しを迫られる。それからしばらくのあいだは，新たな開発の方向軸は見つからず，土地の分譲も進まなかった。このとき，福岡市には公的事業で損失を出してはならないという強い危機感が生まれたと考えられる。

　その後，各都市が世界都市化へと動きだすと，硬直していた状況が動き始める。オフィスや都心居住を支える住宅などに対する需要が増し，都市にはいかにしてこれらに対応するかが新たな課題となっていた。福岡市の場合は，博覧会がひとつの転機となった。知名度が上がりブランド化が進んだ地区は，引き取り手のつかない土地ではなく，有用な都市空間としての新たな価値が見いだされていた。それゆえ，富裕層の需要にみあう住宅地を造るという選択は，福岡市の経営者としての合理的な判断であったと考えられる。見方を変えれば，目の当たりにしていた都市問題に市が対応した帰結であったとも解釈できる。

　ここで触れたのは福岡市における一事例である。しかし，都市空間がいかにして形成されるのかについて思索を巡らせるとき，折々の社会状況の変化やその時の都市に求められていた要求を切り口とすることで，新たに見えてくるものもあるように思える。

【注】

1) ここでは都心周辺部という用語を香川（2000）と同義で用い，郊外ほど離れてはおらず距離的に都心に近い地区を想定している。
2) 敬遠されていた地区に投資を行うことで人を呼び込み，治安の改善を図ろうとする事業などがこれにあたる（川端，1985）。
3) 政府の港湾整備政策においても，都市問題を解決する場所としてウォーターフロントが注目されている（運輸省港湾局，1990）。
4) 町村（1995）もこの時期の大都市におけるウォーターフロント開発は，世界都市としての機能を充足させるための都市基盤を整備させる意味合いが強かったとしている。
5) ウォーターフロント開発はジェントリフィケーション研究の対象とされることも多

く，Smith（1996）は，ボルティモアのハーバープレイスやフィラデルフィアのソサ
エティ・ヒルを，Gerald（1991）はセント・ジョンズをそれぞれジェントリフィケー
ションの事例として取り上げている。

6）Ley（1986）は小規模世帯で共働きである高収入の者やライフスタイルに合わせた
生活ができる環境を好む者が多いとする。彼らは近代的な生活の利便性を求める独特
の価値観を持つ存在といわれる（Gerald, 1991）。

7）この事業は1977年の第4次福岡市基本計画と翌年の博多港港湾計画を上位計画
とするシーサイドタウン計画に端を発する。総埋立面積は2,482,098 ㎡で計画人口は
26,000におよぶなど，福岡市の埋立地開発事業の中でも最大規模のものである。

8）事業計画は策定開始以降，数度の変更が行われたが，計画コンセプトが大きく変化
するのは1980年代後半からである。この際に，町村（1994）がいうような世界都市
化への対応が念頭に置かれた東京の13号埋め立て地（通称お台場）開発の例なども
意識されたと考えられる。

9）データの代表性については，住民基本台帳と調査データから年齢別人口構成を作成
して比較することで確認した。20歳以下の年齢層については住民基本台帳の人口数よ
りもアンケート調査の住民数のほうが若干大きい傾向があったが，分析の中心となる
20歳以上の住民に関してはいずれの年齢層でも3％以内のずれしかなく，両者はほぼ
一致したため，ここでの分析に耐えうると判断した。

10）シーサイドももち・マリナタウン地区では所有関係が判明した514世帯のうち，分
譲住宅は435戸，賃貸住宅は79戸であった。分譲住宅は戸建住宅が231戸，集合住
宅が204戸である。

11）調査を行った2008年9月時点の人口（住民基本台帳）は，シーサイドももち地区
が7,729人で，マリナタウン地区が9,598人である。

12）世帯主の平均年齢は戸建住宅で60.0歳，集合住宅で57.4歳である。

13）平均通勤時間は，シーサイドももち地区が33.5分，マリナタウン地区が34.4分とほ
ぼ同じである。

14）買物は近くのスーパーマーケットや都心の百貨店を利用できるため，片道の買物に
かかる時間は戸建住宅で8.5分，集合住宅で9.7分の好条件にある。

15）ここでは「親と独身の子」「親と子供夫婦のみ」「三世代同居」世帯をファミリー世
帯とした。なお，単身世帯の割合は5％前後と低い。

16）1980〜90年代の価格は次の資料より算出した。薬院地区の物件は梶田（2007）に
よるもので，1986年以降に薬院地区で供給された分譲集合住宅を対象としている。
シーサイドももち地区の住宅価格については福岡市住宅供給公社（1995）による。

17）住宅価格は福岡市住宅供給公社（1995）より算出した。

18）当時のシーサイドももち開発担当者からの聞き取りによる。

19）室見団地は平均分譲価格が1,021万円で，平均居住面積は76.3 ㎡と当時の平均的な
集合住宅である。

20) 1983 ～ 1986 年度に福岡市住宅供給公社が分譲した団地型住宅は年平均 100 戸未満
　　と低調であった（福岡市住宅供給公社，1995）。

21) 当時のシーサイドももち開発担当者からの聞き取りによる。

22) 「世界の建築家街並ゾーン」と名づけられたエリアには，黒川紀章氏ら著名な建築
　　家の設計によるデザイン性の高い住宅や商業施設が建設されている。

23) シーサイドももち地区の開発は福岡市住宅公社と民間事業者グループとの共同開発
　　であるが，建物の建設は公社や民間企業が個別に行っている。

24) 最多販売価格帯は 4LDK で 5,000 ～ 5,200 万円台と高所得者層が購入ターゲットに
　　想定された（福岡市住宅供給公社，1995）。

25) 福岡市南区にあるリバーコート大橋南は，1993 年に福岡市住宅供給公社によって分
　　譲された高層の集合住宅である。平均分譲価格は 3,157 万円で平均居住面積が 84.1 ㎡
　　である。

26) リーフタウン香椎南は福岡市東区にある郊外型の戸建住宅地で，1993 年以降に分譲
　　されている。

27) 百道浜 4 丁目の平均分譲価格は 8,567 万円で平均敷地面積は 256.9 ㎡，リーフタウ
　　ン香椎南の分譲価格は 4,213 万で敷地面積は 198.4 ㎡である。

28) 福岡市住宅供給公社が分譲を開始した 1965 年以来，都心周辺部に 40 戸以上のまと
　　まった戸数を供給できたのはシーサイドももち・マリナタウン地区のみである。

29) 1976 ～ 1980 年度には合計 2,061 戸の団地型住宅が供給されているが，続く 1981 ～
　　1985 年度には合計 534 戸にまで供給数が減少している（福岡市住宅供給公社，1995）。

参考文献

運輸省港湾局 1990.『豊かなウォーターフロントをめざして』大蔵省印刷局.

香川貴志 2000. 都心周辺部における住宅立地バンクーバー──市ウェストエンド地区の
　　事例─. 地理科学　52：35-47.

梶田　真 2007. 福岡都心部における近年の人口回復に関するノート. 史淵　144：143-
　　164.

川端直志 1985.『ウォーターフロントの時代』都市文化社.

草場　隆 2010.『「よかトピア」から始まった FUKUOKA　アジア太平洋博覧会の舞台
　　裏』海鳥社.

財団法人神戸都市問題研究所 1993.『ウォーターフロント開発の理論と実践』勁草書房.

シーサイドももち土地利用検討委員会 1989.『シーサイドももち土地利用検討報告書』
　　シーサイドももち土地利用検討委員会.

高木恒一 1996. 作られた空間と生きられた空間─再開発住宅地における空間の生産─.
　　日本都市社会年報　14：109-124.

長沼佐枝・荒井良雄 2010. 都心居住者の属性と居住地選択のメカニズム─地方中核都

市福岡を事例に―. 地学雑誌　119：794-809.

福岡市 1990. 『福岡市史』福岡市.

福岡市港湾局 2000. 『博多港史』福岡市港湾局.

福岡市住宅供給公社 1995. 『ナイステイ　30 年のあゆみ』福岡市住宅供給公社.

町村敬志 1994. 『「世界都市」東京の構造転換』東京大学出版会.

町村敬志 1995. グローバル化と都市変動―「世界都市論」を超えて―. 経済地理学年
報　41：281-292.

渡邊啓文 1991. 東京湾ウォーターフロント開発の現状と将来. 日本港湾経済学会創立
30 周年記念論文集編集委員会編『港・ウォーターフロントの研究』87-100　成山堂.

Breen, A., Rigby, D. 1994. *Waterfronts*. McGraw-Hill.

Fujitsuka, Y. 2008. Gentrification and neighborhood dynamics in Japan. *Gentrification in a global context* edited by Atkinson, R., and Bridge, G., Routledge. 137-150.

Gerald, T. 1991. The gentrification of paradise: St. John's, Antigua. *Urban Geography* 12: 469-487.

Ley, D. 1986. Alternative explanation for inner-city gentrification: A Canadian assessment. *Annals of the Association of American Geographers*, 76: 521-535.

Smith, D. 2005. 'Studentification' : the gentrification factory. *Gentrification in a global context*. edited by Atkinson, R. and Bridge, G., Routledge: 72-89.

Smith, N. 1987. Of yuppies and housing: gentrification, social restructuring, and the urban dream. *Environment and Planning D: Society and Space*, 5: 151-172.

Smith, N. 1996. *The new urban frontier - gentrification and the revanchist city*. Routledge.

Tsutsumi, J. and O'Conner 2011. International students as an influence on residential change: A case study of the city of Melbourne. *Geographical Review of Japan Series B*, 84: 16-26.

おわりに

1．各章のまとめ

　本書は 3 つの部分からなる。第 1 章と第 2 章では，拡大団塊の世代という視点を持ち込む重要性と高齢化の地域差について述べている。第 3 章から第 5 章は，都心と郊外で行った地域調査から対象地区において高齢化が進む（もしくは進むと予測される）メカニズムをバブル期の地価の上昇とその後の下落を背景に読み解く。第 6 章と第 7 章では，地価の下落後に多くの住宅が供給された都心と郊外の駅前，ならびにウォーターフロントに造成された住宅地を対象に，若者の居住地選考と住宅地の形成について論じている。

第 1 章　都市空間の維持と拡大団塊の世代

　拡大団塊の世代とは，団塊の世代を含む 1930 〜 40 年代頃までに生まれた人々を指している。これは伊藤（1994）や阿藤（2004）がいう，生まれる子供の数は多いままに乳幼児死亡率が低下したことで，成人に達する人口が増加した多産少子期に相当する。団塊の世代が人口移動や住宅地の形成に大きな影響を与えたことはこれまでにも指摘がなされてきたが，住宅地の縮小や選択が起きている現状において，なぜこうした状況が生み出されているのかを考えるにあたり，巨大な人口ボリュームを持つ拡大団塊の世代という視点を持ち込むことの重要性について触れる。

第 2 章　どこが高齢化するのか？
　　　　　─地域メッシュによる分析からみた
　　　　　　東京大都市圏における高齢化の地域差─

　東京大都市圏において，高齢化率が高い地区が時間の経過により変化する様子を概観する。将来人口推計を用いることで，将来的に高齢化率が高い地区が，

都市の内側から外側へと変化する様を示す。そのうえで，なぜこうした現象が起きるのかを，拡大団塊の世代の居住動向と住宅地の形成過程から説明する。

2005年の時点の高齢化率は，インナーエリアのほうが郊外地域よりも高いが，将来的にこの構造は逆転すると予測される。こうしたことが起きる背景には，拡大団塊の世代の居住遍歴とその子世代以降にあたる若者の居住動向の変化がある。将来的に郊外の高齢化率が上がるのは，地区における住民の年齢構成が偏っていることに根源があるのだが，こうした状況は拡大団塊の世代の持家需要と，当時の住宅供給の事情が相まって生み出されたものである。結果として，郊外に拡大団塊の世代とその子世代が集まり，子世代が離家することで郊外の高齢化率が上がるメカニズムが生じている。細かな時差や地域差はあるが，郊外における高齢化とその先にある過疎化が構造的に不可避のものであることを論じている。

第3章　なぜ地価高騰後に都心の高齢化が進んだのか
― 2000年代初頭における千代田区の土地資産の利用と高齢化―

地価高騰後の都心において高齢化と過疎化が進んだメカニズムを，土地資産の活用と住宅地としての機能の低下から読み解いた章である。調査を行った千代田区小川町付近は，「坪1千万で買い取る」と商談を持ちかける地上げ屋が連日訪ねてくるほどに地価が高騰した地区で，地価高騰のあおりを顕著に受けた地区のひとつだと考えられる。地価が高騰したとき，賃料の上昇から賃貸居住者は早い段階で地区外へと転出している。地価が落ち着くまで地区内に残ることができた者の大半は土地と建物を所有する地権者であった。彼らの多くは自宅をビルへと建て替え，自宅フロア以外を事務所やオフィスとして貸し出す不動産経営者となる。ビルの管理者として地区に残留する者もいたが，経営者としての合理的な判断から地区外に居住し，ビル化した自宅をすべて賃貸経営に回す者も多く，地区人口の減少がいっそう進む。やがてビル化が進んだ地区は，住商混在地区からオフィス街へと変貌し，住宅地としての機能を希薄化させていった。地価が落ち着いたときに地区に残留していたのは，自営業を営む親世代が中心で，サラリーマンである子世代の多くは地区外に居住する構図が生み出され，高齢化と人口の減少が進んでいた。

第4章　なぜ郊外の高齢化が避けられないのか
─拡大団塊の世代と郊外の行方─

　郊外において高齢化が進むメカニズムを，拡大団塊の世代のライフコースから解明したうえで，高齢化が進む地区において起きる問題を読み解いた章である。拡大団塊の世代の持家需要に応える形で急速に拡大した郊外には，地区の年齢構成に偏りがある地区が多く，人口ピラミッドを描くと親世代と子世代の2つのピークを持つ形状になる地区が少なくない。そのため，親世代が65歳以上になり始める時期に急速に高齢化率が上がるようになるが，これは見かけ上のものであり，同エリアで高齢化が進むことは彼らが郊外に転入したときから，構造的に不可避であったことを説明する。

　郊外にある多くの住宅地には，都心からの距離や住宅地の造成年代に関わらず，一定数の拡大団塊の世代が居住している。そのため，水面下では一様に高齢化が進んでいるが，住宅地としての競争力や子世代の離家の時期のずれなどによって，高齢化の程度に地域差が生じている。こうしたメカニズムを押さえたうえで，郊外において高齢化や過疎化が進むと何が起こるのかを，他に先駆けて高齢化と過疎化が進む地区を手がかりに検討を行った。その結果，都市の郊外であっても地方の過疎地と同様のメカニズムで空家や空き地が増加していくこと，さらに地区人口の減少により，日常の買い物を行う商店や公共交通などの維持が難しくなり，生活や交通に関するインフラが脆弱になる可能性について述べている。

第5章　人口が増加している都市の郊外も高齢化するのか
─地方中核都市福岡市にみる都市空間の淘汰─

　若者が多く人口が増加している福岡市の郊外地域においても，東京圏と同様のメカニズムで高齢化が進むのかを論じた章である。福岡市においても年齢構成に偏りがある住宅地では，親世代が残留し子世代が転出するメカニズムは東京圏と同様であった。ただし，同市の郊外には丘陵を切り開いて造成された急勾配で道路幅も狭く，幹線道路からも距離がある住宅地が多い。こうした地区では，自家用車が運転できるのであればさしたる問題は生じないが，加齢等に

より運転が難しくなると徒歩のみでの生活が困難になる懸念がある。そのため，身体に不自由を感じるようになった住民がサポートなしに生活し続けられる期間が，平野部にある郊外よりも短くなる可能性があることを検討している。

第6章　都心・郊外・駅近　どこに住むか
―都心居住者の住民像と居住地選択のメカニズム―

　福岡市の都心を事例として，都心には誰が住んでいるのかを明らかにすることで，都心居住が選択されるメカニズムについて論じている。既存のデータでは区別して分析することが難しかった分譲住宅と賃貸住宅の居住者を，都心に相当するエリア全域を対象としたアンケート調査を行うことで区別し，今まで不明瞭な部分があった都心居住者の属性を明らかにしている。また，都心と競合する郊外の駅前住宅において同様の調査を行い，都心との比較を行った。これにより，賃貸に関しては両地区に大きな差異はなかったが，分譲に関しては世帯員数（特に子供の数）が郊外の駅近か都心かの選択に影響している可能性について触れている。

第7章　都市空間はいかにして形成されたのか
―福岡市におけるウォーターフロント開発とその変質―

　福岡市が行ったウォーターフロント開発において，中間層向けの住宅地開発であった計画が富裕層向けへと変化した経緯を，市が折々に直面した都市問題と照らし合わせながら読み解いた章である。通常，計画の細かな変遷過程は議事録等の公的な文書には残されないことが多い。そこで，計画に関わった複数の関係者に対して詳細な聞き取り調査を行い，計画の変遷過程を明らかにした。当初の計画では，拡大団塊の世代の住宅不足の解消が目的とされていたが，これは住宅需要の質的な変化によって頓挫する。売れない土地を抱えこんだ市だが，後に開催された博覧会により地区は都心に近い振興エリアとしてのブランド化が進んだ。都市空間としての新たな価値を見いだした市は，中間層向けから富裕層向けへと開発コンセプトを変更し，当初は認めていなかった民間事業者による開発へと舵を切ったことで，高級住宅地として売り出すことに成功

した。市がこうした戦略をとった背景には，公共事業における損失をなんとしても避けるという事業主として合理的な判断があったと考えられる。

2．住宅地の非持続性と都市の過疎

　近い将来に限ってみればではあるが，都市にある住宅地の抱える問題の本質は，住宅需要が低下すると予測されることにある。高齢化が進んでいる，あるいは進むと予測される地区は，本来住宅地としては適地ではなかったものや急増した住宅需要に応える過程で造成されたもので，時間を掛けて形成されてきた市街地から切り離された立地にあるものが多い。

　こうした状況は，少なからず拡大団塊の世代が地方から都市に流入したことで発生した，住宅需要の高まりに帰するところがある。転入当初の彼らを受けいれたのは，概ねインナーエリアにあった木造の賃貸アパートであった。しかし，こうしたアパートは居住環境としては良好でないものも少なくなかった。それゆえ，経済的な準備が整った彼らはマイホームを求めて郊外地域へと移動した。同年齢層である彼らが，ほぼ同時期に住宅取得年齢に入ったことで，都市の住宅需要は彼らが住宅を取得し終えるまで高いままに維持されることになった。これに牽引される形で地価は上がり，住宅の価格も上昇し続けた。この時期に新たな住宅用地を確保することは，価格・面積共に非常に困難であり，都心への通勤圏としては限界にも思える遠隔地にまで住宅地が造成された。この時，都心にあった住宅地も地価高騰のあおりを受けていた。空間的に余裕があった住宅地の不動産としての価値は高く，投機の対象と見なされたことで，住宅地から業務地への変化を加速させることになった。

　この時期の住宅需要者の多くは，その地区に魅力を感じて住むことを選択したというよりも，限られた選択肢の中で判断を下した可能性が高い。しかし，住宅需要が下がればこうした状況は変わる。ある程度の制約はあるにしろ，どこでも良いから住む時代から住みたい所に住む時代へと住宅事情は推移しつつある。ゆえに，住宅地としての持続が難しくなるメカニズムを考える際には，住宅需要の低下を根底において考える必要がある。

　また，都市における高齢化率の高低は，子世代の動向に影響される可能性が高い。彼らの転出は個人的な要因だけでなく，住宅地の抱える個々の問題によって構造的に生み出されてきたものである。住宅需要の低下を前提とすれば，高齢化や過疎化が進むと見られる地区は，若者に積極的に選択され難い地区という共通点がある。こうした地区では，子世代の転出が進むだけでなく，新たな住民の転入も困難である。住宅需要の高さに裏打ちされ，住む場所の選択肢が郊外に限られていた多くの親世代とは異なり，彼らの子世代やそれよりも若い世代は，居住地に対する選択肢を複数持ち合わせている。彼らは居住地を選ぶ際に，居住面積や職場との距離などを勘案して自らに適した地区を選ぶ，住宅需要者として最適な行動を取ると考えられる。

　したがって，都市では住宅地の選別が行われる可能性が否めない。選択されなかった住宅地では，地区の年齢構成が非高齢者層を欠いた形へと移行し，高齢化や人口減少が進むだろう。こうした地区において住宅地としての持続が難しくなるメカニズムは，地区の年齢構成が偏ることから始まり，次の4つの段階を経て進むと考えられる。

第一段階

　すでに開発を終え年齢構成に偏りがある住宅地では，子世代の転出により，世帯数は維持されるが人口は減少する。転出分を補える数の転入者が見込めなければ，高齢化が進む多くの地区では人口が減少し始める。ただし，自家用車の運転ができるなど住民の健康状態に問題がなく，人口もある程度は維持されているのであれば生活に支障はない。

第二段階

　人口の減少が続けば，やがて住民の生活を支えていた店舗や公共交通の経営が困難になり，生活インフラの空洞化が起こる。このことが居住環境のさらなる悪化を招き，いっそう住民の地区外転出が進む。この段階において，住宅地からオフィスのように他の用途へ転用が可能であれば，住宅地区から業務地区へと性格が変化した都心のように都市空間としては存続できる。しかし，住宅

地以外への転用が困難な住宅地は次の段階に移行する。

第三段階

　子世代のみならず親世代の地区外転出が起こる。これを補うだけの新たな転入者を獲得できなければ，地区の人口はいっそう減少する。公共交通だけでなく，学校やガス・電気などの生活インフラを維持するためのコストも大きくなる。地区に残っていた親世代が生活のしやすさ等を求めて地区外へと転出すると，地区に空家や空地が出現する。

　高齢化と人口減少が進んだ郊外住宅地などでは，バス路線の廃止や統合が進み，空家と空地が目立つようになる。ただし，そうした地区にあっても幹線道路に近いエリアなど比較的利便性が高いエリアでは，住宅が更新され新たな転入者が転入する。しかし，転出した人口分をカバーできる数の住民を新たに確保することが難しければ，次に触れる第四段階に移行する地区もある。

第四段階

　最終的には，更新される見込みがない住宅や管理されない空地が目立つようになり，住宅地としての競争力が低下する。いっそうの人口減少が進み，野生生物の住み着きや防災・防犯上の危険性が増した地区が現れる。

　この現象は引き起こされる要因こそ異なるものの，山間地でみられる過疎化現象と同じプロセスを踏んでいる。山間地では人口が減少するにつれて，商店の閉鎖やバス路線の統廃合など生活インフラが脆弱なものになっていった。また，若い世代は満足のいく就業機会や生活の利便性を求めて，都市へと転出していた。

　これとほぼ同じプロセスが，都市の高齢化が進む住宅地においてもみられる。都心から遠く，通勤・通学に時間を要するような郊外住宅地に住む子世代も，進学や就職を機に地区外へ転出している。彼らの転出の契機も山間地の子世代と同様に，進学や就職の機会や生活の利便性を求めてのものが大半であった。また，生活空間が確立し就業の機会を得ている親世代が住み続け，子世代が地区外へ転出することで，高齢化と人口減少が起きている点も類似している。

　ただし，山間地と都市では土地に対する不動産価値や希望する進学・就業先

208 ──◦

へのアクセス状況などが異なるため，子世代に転出を促す要因には相違点がある。都心地区のように不動産から大きな収益を得るために選択的に地区外へ転出することや，駅前やウォーターフロントなど利便性の高いエリアに新たな住宅が多数供給され，それらが郊外住宅地と競合する選択肢となっている状況などは，都市にしか当てはまらないと考えられる。

3．取捨選択される都市空間としての住宅地

　最後に今後の都市における住宅地空間の変容について若干の展望を試みたい。高齢化が進む住宅地の中には，過疎化により住宅地としての機能を維持できない地区が出現し，以下に示すような問題が発生する可能性がある。

　第1の問題は，最後まで地区に住み続けた住民に対するサポートである。親世代が身体的な不都合を感じたときや，単身となった場合でも地区に住み続けられるだけの生活サポートが必要になる。親族による私的なサポートと公的なサポートの役割分担が問われようが，いずれにしても行政がまったく関与しないということは考えにくい。基本的な生活保障や福祉サポート，住宅の管理などに関して行政に少なからぬ要求が生まれる可能性がある。

　行政に対する要求は地区の持つ特性によって変わるだろう。都心地区のように資産を持ち経済的に裕福であれば，住民に身体的な問題が生じてもある程度は私的に解決することが可能であろう。しかし，なかには経済的な理由や最終的に頼れる親族がいないなどの理由から，私的に解決することが難しい住民が地区に取り残される可能性は否めない。こういった人々に対するエンドケアのサポートが行政に期待される可能性がある。

　これまで行政が行ってきたセイフティーネットは民生委員など，地域社会を通して情報を得ることで成立していた。しかし，過疎化が進み住民が極端に少ない地区では，こういった形での情報提供は相当に難しい。過疎化が進む地区の中には，行政が高齢者ひとりひとりをリストアップして，直接的に彼らの状況を把握する試みも行われている。こうしたケースでは，コストや人手の問題だけではなく，サポートが必要と思われる住民の情報を的確に把握し続けるシ

ステムの構築が要求される。

一方，地区の年齢構成に著しい偏りがあり，住宅地の競争力によって新たな住民の転入数が左右される郊外地域などにおいては，人口が減少する前段階として高齢者数が急増することが見込まれる。自家用車による移動を前提とせず高齢者数自体も少ない都心のような地区で期待されるサポートとは異なり，こうした地区では高齢者のボリュームと，それにともなう一時的なコストの増加が問題になるだろう。

新たな住民の確保が難しく年齢構成が著しく偏った地区では，住民の多くが高齢者によって占められる期間が生じる可能性がある。こうした地区では，デイケアや日常の買物・通院を支える公共交通の維持など，彼らの生活を支えるサポートへのニーズが高まる。その際に問題となるのが，サポートに対する需要量，いいかえればニーズが時間の経過と共に変化するとみられる点にある。高齢者数の増加によって，福祉施設の利用に対するニーズなども一時的に急増すると予測されるが，その状況が継続されるわけではなく，やがて利用者の減少と共にニーズが減少していく。つまり，地区ごとに時差が生じるニーズの増減を的確に把握し，予測する何らかの手段の開発が必要になる。

第2の問題は，都市空間（住宅地）の変容である。拡大団塊の世代にあたる彼らは，高度経済成長期の立役者であり，そのボリュームは今日私たちが目にしている都市の姿を形作る原動力のひとつであった。彼らは住宅地に限ってみれば，都市空間の形成と変容に多大な影響を及ぼしており，今後の行方をも左右する立ち位置にいる。

彼らは地価の高騰やインナーエリアのドーナツ化現象，これらと関係する郊外地域の拡大を押し進めた底流であった。こうした事象は，彼らが意図したものではなかったであろう。彼らがどこで生まれ，どこに進学や就職をし，どこに住んだか，これらはすべて個人の選択である。それぞれがそれぞれの事情によって，進学・就職・結婚等の人生のイベントを経ており，そこにはさまざまな人生のドラマがあったはずである。しかし，一度立ち止まり，俯瞰して彼らの歩みを眺めると，その存在自体が今日我々がみている都市の姿に，多分な影響を及ぼしてきたことがわかる。

　そうして一時代を築いた拡大団塊の世代も円熟期を迎え，次の世代へとバトンが渡りつつある。次の世代やそのまた次の世代に，拡大団塊の世代ほどの人口ボリュームがないことは自明である。彼らが少ないというのではなく，団塊の世代が多産少子という人口転換期にあたっていたがゆえに特異的に多かったのである。経済の動向しかり，世の中の物事を的確に予見することは難しいが，人口はある程度正確に予測できる。現在の人口トレンドが続き，他所から大量の人口を受け入れでもしない限り人口は落ち着いてくる。これは，人口トレンドの推移からみてそうなっている。近い将来において，拡大団塊の世代のような集団が現れることはまずないだろう。彼らが特殊だったのである。社会が成熟する過程で起きることであり，彼らが豊かさを次の世代へと手渡してくれたとみたほうがよい。そうなっているのであるから，必要以上に悲観する必要もない。もちろん生まれる子供の数が少ないことは楽観視できない。こうした状況は旧態依然とした価値観とこれを是とする社会システムのしわ寄せが，若者に向かっているところが大きいと見られる。新たな社会システムの構築と定着には，思考の転換が求められるし，何より時間も掛かる。それでもいつかは変わるだろう。いずれにしろ，拡大団塊の世代はもう現れないのだから，冷静な視点で受け止め当面の行方を見据えるほうが建設的である。

　ただ，都市空間の立場からすると，少々の面倒がある。住宅地という都市空間の取捨選択と縮小である。こまごまとした動きはあるが，今の都市はまだ拡大団塊の世代の生活や需要に対応する形になっている。その象徴とも言えるのが郊外という空間である。郊外はすべてではないにしろ，住宅地の取捨選択が行われ，水が引くように縮小していくと予測される。では，郊外以外は大丈夫かといえば，そうともいえない。インナーエリアにおいても鉄道やバス路線から距離があるエリアや，地区内に急な勾配がありスーパーなどの商業施設から遠距離にあるような地区は，住宅地としての競争力がそう高くはない。都心がオフィスに変わったように新たな土地利用に転化できるのであれば別であるが，住宅地以外の利用が難しいケースでは，住宅需要者に選択されない地区が現れる可能性がある。もちろん地域差はあるし，個々の経済的な負担能力も関わってくる。だが，大前提として住宅需要自体が下がるわけであるから，彼らはよ

り良い地区を選ぶことができる。裏を返せば，競争力がある地区の需要は高いままか，もしくはいっそう高まる可能性が高いので，こうした地区の人口は維持されるだろう。しかし，そうした恵まれた条件を持つ地区は限られている。

　また，今ある都市空間は拡大団塊の世代が生み出してきた，莫大な需要によって支えられてきた感がある。住宅需要しかり，日常的な買物を行う商業施設しかり，外食やレジャーなど娯楽に費やす費用しかり，通勤通学による鉄道やバス路線の利用による利益しかり，彼らの人口ボリュームは消費という面においても経済的に大きな存在であった。しかし，人口が減少すれば，こうした施設が林立する地区にも影響があるだろう。

　高齢化が進む地区は，やがて人口が減少して住宅地としての機能が維持できない状況に陥る可能性がある。日常の足としての公共交通を民間のみに任せることは経済的に厳しくなるだろうし，行政がコミュニティバスのようなものを運行するにしても，経済的な収支や使い勝手の面で折り合いをつけなくてはならない。その過程で，さまざまな選択が行われるようになることは想像に難くない。時差や地域差はあるだろうが，人口の維持が難しい地区の中には，住宅地としての役割を終えるものが現れる可能性がある。それでも，冒頭に述べたように，人は移動できるので何とかはなるだろう。

　しかし，都市空間は商業地区や住宅地区のように，まとまった空間の広がりの中で，土地利用が特化され再生産されることで維持される一面がある。この点からみれば，住宅地の崩壊は単なる地区のエンドケアの問題だけではなく，都市空間そのものに影響を与える可能性がある。おそらくひとつの住区レベルの住宅地が役目を終えたとしても，そのことが都市空間全体の中で深刻な問題になるとは考え難い。だが，住宅地としての役割が維持できず，崩壊していく地区が相次ぐことになれば，担い手のいない空間が広範囲にモザイク上に出現することになる。もちろん，地価や住宅需要のバランスで住宅地が商業地となった都心地区のように，空間の性質が変化したならば，住宅地としては維持できずとも，空間の存続は可能である。何らかの形で空間を担う者がいれば，都市空間維持の観点から問題となることはない。だが，住宅地以外の用途に転換できない地区において，住宅地が維持できないことは，空間の担い手がいなくなることと同義である。こ

れは，都市の中に維持管理がなされず混沌とした空間が形成されることを意味する。これまで日本には諸外国に見られるようなスラムは，顕著には確認できないとされてきたが，こうした地区がスラムとはいわずとも，混沌とした空間と化す恐れが払拭できない。地区の中には，小規模な地元中心の生活空間へと姿を変えるものもあるだろうが，無秩序で無計画な状態が引き継がれ，国籍や社会階層が入り混じった空間が形成される可能性もある。

　日本の都市において，こうした状況が生み出されることは，拡大団塊の世代の誕生と彼らの需要に応える住宅地の形成が始まった50年以上も前に構造的に決まっていた，いわば不可避の事態である。郊外にみられるような年齢構成に偏りがある住宅地の形成は，急速な住宅地需要の伸びに裏打ちされた，深刻な住宅不足に端を発するものである。投機的価値が付加されたことにより住宅地としての性質を失った都心や，通勤に片道2時間以上を費やす通勤圏の限界にある住宅地，都市計画による新たな住宅地の形成，それらは日本の高度成長期を支え，現在に続く日本の都市がたどった歴史そのものであり，拡大団塊の世代の辿ってきた人生行路ともリンクしている。いたしかたなかったとはいえ，彼らの喫緊の要求に応えるために行われた，無秩序もしくは無計画な都市空間の形成と変容の動きの中で生み出され蓄積されたひずみのような問題のつけが，住宅地という都市において柔軟性のある空間に露呈した結果ともいえる。

　かつては，住宅需要は慢性的に伸び続け，都市空間は拡大し成長するもの，だとする暗黙の前提によってものごとが進められてきた。しかし，今日的な状況はこうした見解を肯定するものではない。人口減少や高齢化にともなう住宅地の取捨選択と都市空間の縮小という一連の動きの中で，暗部に押し込められていた不合理が露呈し始めている。許容量を越えて急激に拡大してきた都市空間は，波が引くように縮小するのかもしれない。その過程において，持続が可能な空間とそうでない空間という，2つの異なった性質の空間がひとつの都市空間の中に共存する可能性はあるが，最終的には都市空間を形成する個々の地区の取捨選択が行われ，都市空間自体は適正な規模へと落ち着くのではないだろうか。これに対する是非はともかく，これから起こる都市空間の変容をみすえ，新たな都市というものに対する長期的なビジョンを模索し始める時期にあるように思う。

《著者紹介》

長沼佐枝（ながぬま・さえ）

人東义化大学絰济学部准教授。

東京大学大学院総合文化研究科博士課程修了，博士（学術）東京大学。早稲田大学教育学部助手，東京大学大学院総合文化研究科学術研究員，東京学芸大学教育学部特任講師，大東文化大学経済学部講師等を経て現職。専門は都市地理学・経済地理学。

（検印省略）

2023 年 10 月 20 日　初版発行　　　　　　　　　　略称―高齢化

都市空間の維持と高齢化
―拡大団塊の世代と住宅地空間の変容―

著　者　長沼佐枝
発行者　塚田尚寛

発行所　東京都文京区　　株式会社　創成社
　　　　春日 2 - 13 - 1

電　話 03（3868）3867　　Ｆ Ａ Ｘ 03（5802）6802
出版部 03（3868）3857　　Ｆ Ａ Ｘ 03（5802）6801
http://www.books-sosei.com　振　替　00150-9-191261

定価はカバーに表示してあります。